Biologie einfach anschaulich

Hans Schmidt | Andy Byers

Begreifbare Biologiemodelle zum Selberbauen mit einfachen Mitteln

Verlag an der Ruhr

Impressum

Titel
Biologie einfach anschaulich
Begreifbare Biologiemodelle zum Selberbauen mit einfachen Mitteln

Idee, Konzept und Illustrationen
Hans Schmidt, Andy Byers;
Umblätter-Optik am unteren Seitenrand: © tuulijumala - Fotolia.com

Druck
AZ Druck und Datentechnik GmbH, Kempten, DE

Verlag an der Ruhr
Mülheim an der Ruhr
www.verlagruhr.de

geeignet für die Klassen 4–9

Neu gestaltete Auflage 2012, Nachdruck 2021
ISBN 978-3-8346-2368-3

Inhalt

Inhalt

Inhalt

Vorwort

Sach- und Biologieunterricht sollte für die Schüler* Lernen und Entdecken mit allen Sinnen bedeuten. Theoretisches Wissen wird durch entsprechendes Anschauungsmaterial nicht nur gefestigt, sondern im ursprünglichen Wortsinne „be-greifbar" gemacht.
Schon die Richtlinien betonen die Ausprägung kindlichen Handelns in „entdeckenden", „gestaltenden" und „verstehenden Formen" bzw. „Anschauung, Selbsttätigkeit und experimentelles Arbeiten" als Unterrichtsziele.

Sich eigene Anschauungsmodelle auszudenken und zu bauen macht nicht nur Formen, Konstruktionen und Vorgänge anschaulich, es werden auch Kreativität, Fantasie und Neugier der Schüler geweckt. Entdecker- und Forschungsdrang der Kinder können dabei „sinn-voll" ausgelebt werden.
Beim Nachbau der Modelle erfolgt die Auseinandersetzung mit Aufbau und Funktion der Organismen. Damit wird auch Verständnis und ein Gefühl der Verantwortung für die Natur, den Umgang mit dem eigenen Körper usw. geweckt. Ganz nebenher werden natürlich auch die handwerklichen Fähigkeiten der Schüler gefördert.
Alle Anleitungen sind so konzipiert, dass sie mit möglichst geringem Aufwand und möglichst selbstständig von den Schülern nachvollzogen werden können.

Vom Aufbau einer Pflanze und dem Körperbau bei Tieren und beim Menschen über die Funktionsweisen verschiedener Körperteile wie Herz, Darm, Auge oder Ohr bis zur Struktur von Eiweißen, Fetten, Chromosomen oder DNA finden Sie hier Anregungen zu möglichst einfachen Modellen, die immer auch Platz lassen für eigene Ideen. Das bedeutet, dass natürlich auch jederzeit die Möglichkeit besteht, die hier erklärten Modelle weiter auszubauen, zu verfeinern und mit mehr Details zu versehen.

Die Vorschläge in diesem Buch sind in etwa geeignet für die Klassen 4 bis 9, teilweise jedoch auch noch in der Sekundarstufe II einsetzbar. Einige Übungen sind zudem auch für die unteren Klassen geeignet und auch in der Grundschule einsetzbar. Die Altersangaben orientieren sich an der Einstufung der jeweiligen Themen durch die Richtlinien. *Das bedeutet natürlich nicht, dass Sie sich in Ihrer eigenen Entscheidung bezüglich der angemessenen Alterseinstufung eingeschränkt fühlen sollen.* Viele Modelle kann man auch einfach aus Spaß, z.B. weil sie schön aussehen, zur Dekoration etc. bauen, ohne die wissenschaftliche Einbindung im Unterricht. Dann senkt sich natürlich die Alterseinstufung für den Einsatz. Sie selbst wissen sicherlich am besten, wann Sie welche Modelle mit Ihren Schülern erarbeiten können.
Die Materialien sind in der Regel in jedem Haushalt und in der Schulausstattung zu finden, ansonsten im Bastelbedarf oder im Baumarkt erhältlich. Abfälle wie Schachteln, Flaschen, Kronenkorken und andere Materialien können hier noch sinnvoll weiterverwertet werden. Legen Sie sich am besten eine Kramkiste an.

Die handelsüblichen, oft recht teuren Lehrmittel lassen sich so mit einfachsten Mitteln und etwas Kreativität ergänzen. Und Sie können mit Ihren Kindern zusammen beim Selbermachen lernen. Auf diese Weise wird „Biologie einfach anschaulich".

Verlag an der Ruhr, die Redaktion

* Aus Gründen der besseren Lesbarkeit haben wir in diesem Buch durchgehend die männliche Form verwendet. Natürlich sind damit auch immer Frauen und Mädchen gemeint, also Lehrerinnen, Schülerinnen etc.

Zellen

Altersstufe

Ab Klasse 5

Benötigtes Material

- Streichholzschachtel
- Erbse oder Bohne
- Schuhkarton
- Tischtennisball

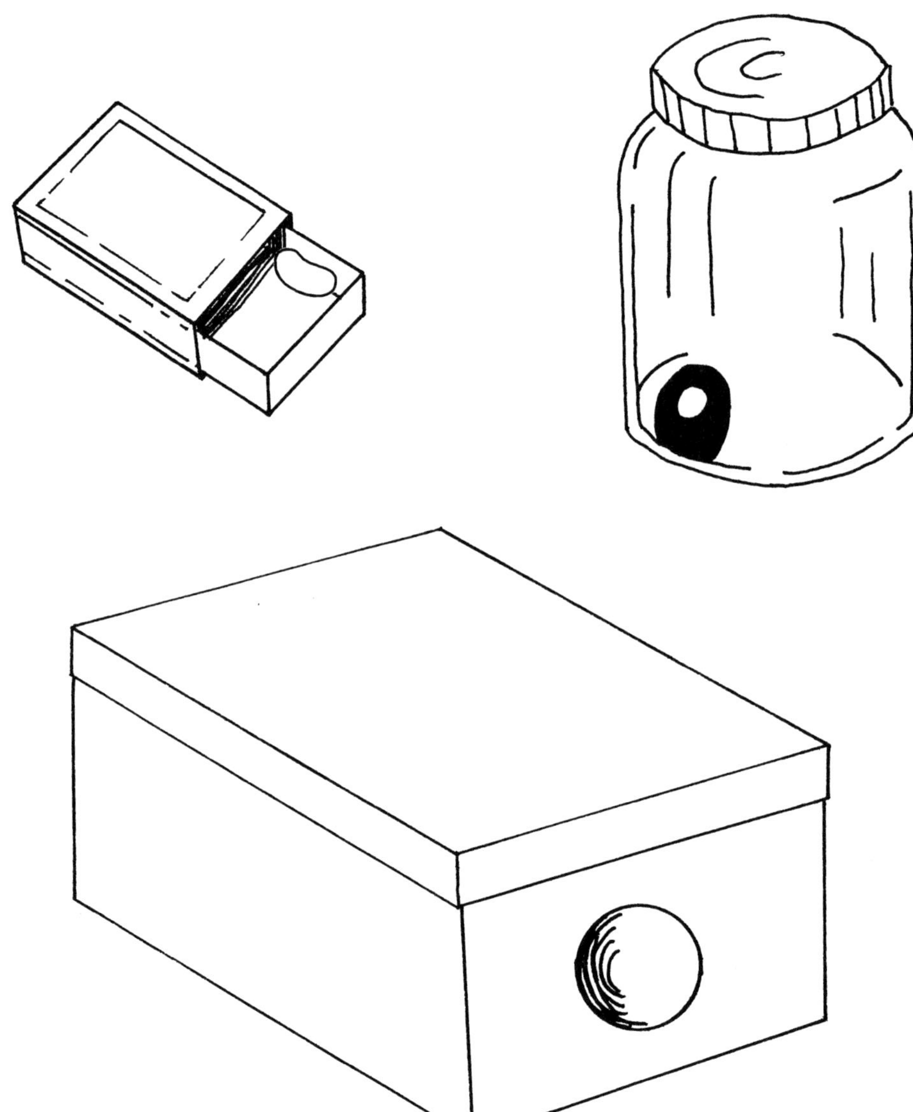

So geht es

Eine Zelle, vom lateinischen „cella“ (Kammer) abgeleitet, ist ein von Wänden umgebener Raum. In der Biologie sind die Zellen Grundbausteine des Lebens. Eine Zelle besteht aus einem Zellleib und einem Zellkern.

Eine Streichholzschachtel mit einer Erbse oder Bohne darin oder ein Tischtennisball in einem kleinen Schuhkarton (oder Marmeladenglas) sind einfache Zellmodelle. Sie veranschaulichen zugleich ungefähre Größenunterschiede bei tierischen Zellen (s. Seite 15, „Größe von Zellen“).

Einfache Zellmodelle

Altersstufe

Ab Klasse 5

Benötigtes Material

- Kronenkorken
- Dosendeckel
- Streichholzschachtel
- Gläser
- Plastikdosen
- Plastikbeutel
- Erbsen oder Bohnen
- Tischtennisbälle

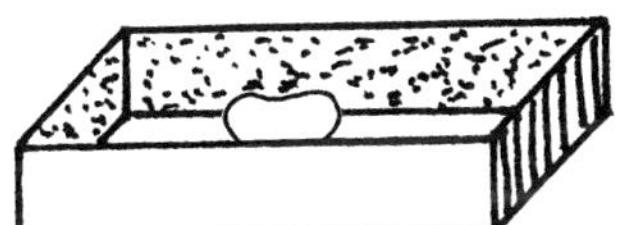

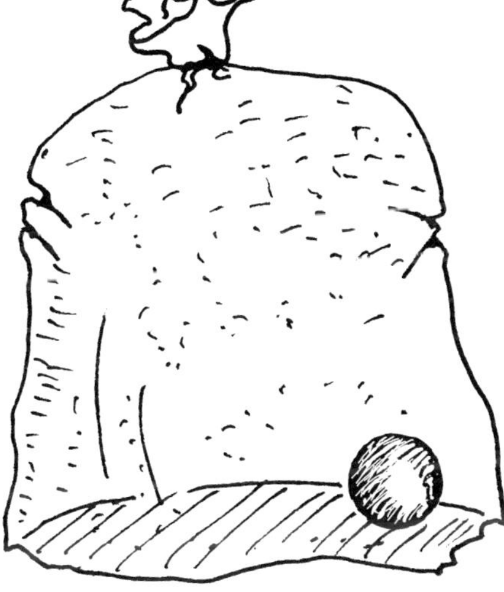

So geht es

Der Fantasie sind keine Grenzen gesetzt, um einfache Zellmodelle zu erfinden. Sie können flach und damit zweidimensional oder mehr räumlich und damit dreidimensional sein.

In Kronenkorken, Dosendeckel, Streichholzschachteln, Gläser, Plastikdosen und Plastikbeutel legt man Erbsen, Bohnen, Tischtennisbälle usw. Ihren Schülern werden sicherlich noch weitere Materialien einfallen, aus denen man Modelle für Zellen herstellen kann.

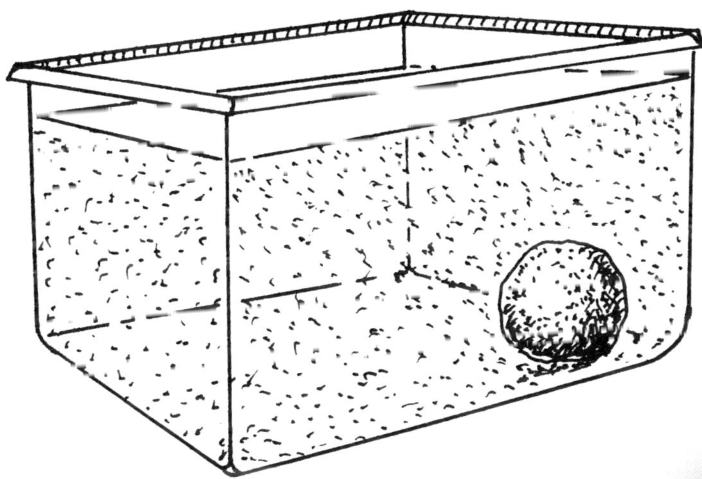

Stoffwechsel nicht nur im Organismus

Altersstufe

Ab Klasse 5

Benötigtes Material

Kein besonderes Material erforderlich.

So geht es

Der Stoffwechsel eines Lebewesens umfasst die Gesamtheit aller im Organismus stattfindenden Vorgänge. Dazu gehören Stoffaufnahme, Stoffumwandlung und Stoffausscheidung.

Auch eine Marktbude oder eine Küche haben einen „Stoffwechsel". Es werden Stoffe hineingebracht, umgepackt oder umgeformt und wieder herausgebracht. Dies geschieht nach bestimmten Regeln. Weitere Modellvorstellungen lassen sich leicht finden (z.B. Fabrik, Gewächshaus).

Fließgleichgewichte

Altersstufe

Ab Klasse 5

Benötigtes Material

- Kerze
- Wasserhahn
- Gefäß

So geht es

Zellen sind offene Systeme, bei denen Ab- und Zufluss in einem bestimmten Verhältnis stehen. Ein Fließgleichgewicht bezeichnet ein stationäres Gleichgewicht, bei dem der Zufluss dem Abfluss entspricht.

1. Lassen Sie mehrere SchülerInnen an zwei bestimmten Punkten (z.B. Bäume, s. Abb.) vorbeilaufen (auch mit unterschiedlicher Geschwindigkeit). Die Personenanzahl, die sich gerade zwischen den beiden Punkten befindet, ist im Gleichgewichtszustand konstant.
2. Die Form einer Kerzenflamme wird auch durch ein Fließgleichgewicht erhalten.
3. Auch mit einem Wasserstrahl und einem Gefäß lassen sich Beobachtungen zum Thema anstellen.
4. Ein See mit Zu- und Abfluss entspricht den Kriterien eines Fließgleichgewichtes.

Protocyten und Eucyten

Altersstufe

Ab Klasse 5

Benötigtes Material

- Streichholzschachteln
- Wollfaden
- Erbsen oder Bohnen
- Plastikfolie

So geht es

Es gibt Zellen ohne echten Zellkern (Protocyten) und Zellen mit echtem Zellkern (Eucyten). Bakterien sind Protocyten. Sie haben an Stelle eines Zellkernes z.T. fädige, Nukleoide genannte Zellbereiche. Bakterien haben zusätzlich zur Zellmembran eine Zellwand.

Streichholz- oder andere Schachteln mit einem kleinen Wollfaden bzw. einer Erbse oder Bohne darin sind einfache Modelle für Protocyten bzw. Eucyten. Man kann das Modell des Zellkerns noch weiter differenzieren, indem man Fäden als Chromosomen in eine Plastikumhüllung (als Kernmembran) packt und die Schachtel mit Folie (als Zellmembran) auskleidet.

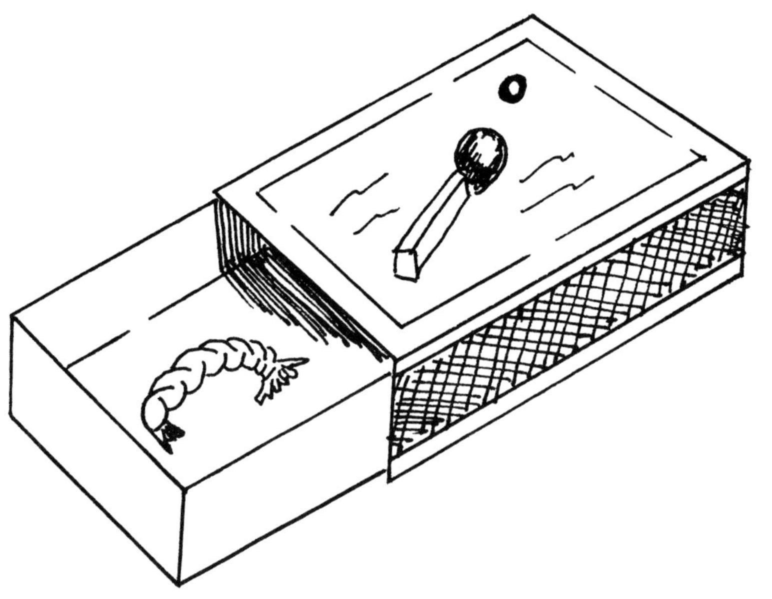

T2-Viren

Altersstufe

Ab Klasse 5

Benötigtes Material

- Flasche oder Vase mit langem Hals
- Draht
- Wollfaden
- Kordel

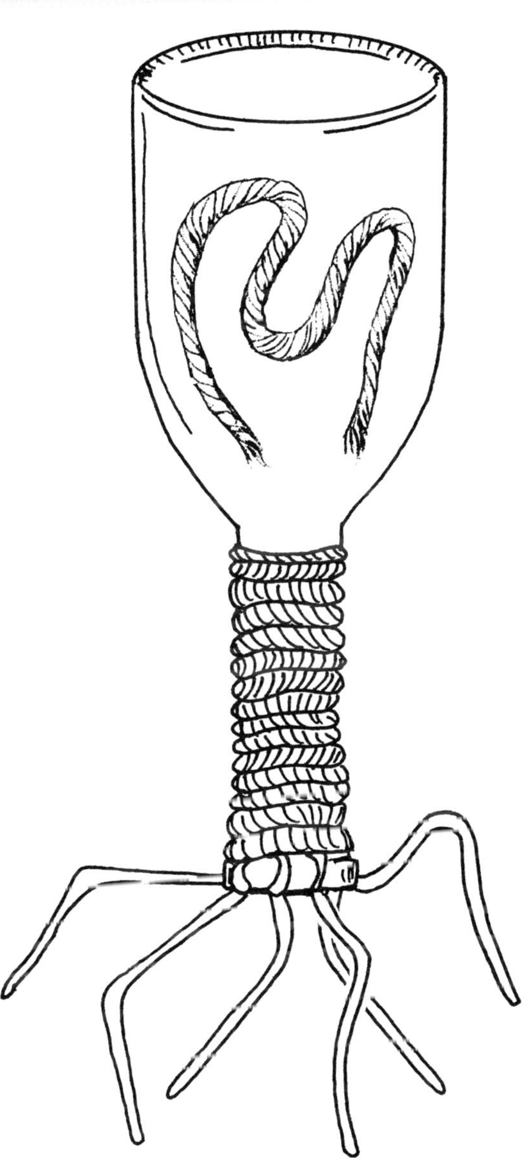

So geht es

Viren sind Partikel ohne eigenen Stoffwechsel, die in der einfachsten Form aus einer Eiweißhülle und einem Nukleinsäurefaden bestehen. Bakteriophagen sind Viren, die Bakterien befallen und diese dabei zerstören. Am bekanntesten ist der Bakteriophage T2, der harmlose Darmbakterien befällt. Er ist etwas komplexer gebaut und hat die Form einer Orchideenvase oder einer Flasche mit langem Hals.

In die Vase oder Flasche steckt man einen Wollfaden als DNS-Strang. Der Hals wird mit Kordel umwickelt und am Flaschenkopf, der die Endplatte darstellt, werden die sechs langen, geknickten Schwanzfibern aus Draht befestigt.

Pflanzliche und tierische Zellen

Altersstufe

Ab Klasse 5

Benötigtes Material

- kleinere und größere Plastikbeutel
- rundliche Körper (z.B. Nüsse, Bälle)
- Grashalme
- gefärbte Flüssigkeit
- Schachtel
- Gummiringe
- Wasser

1.

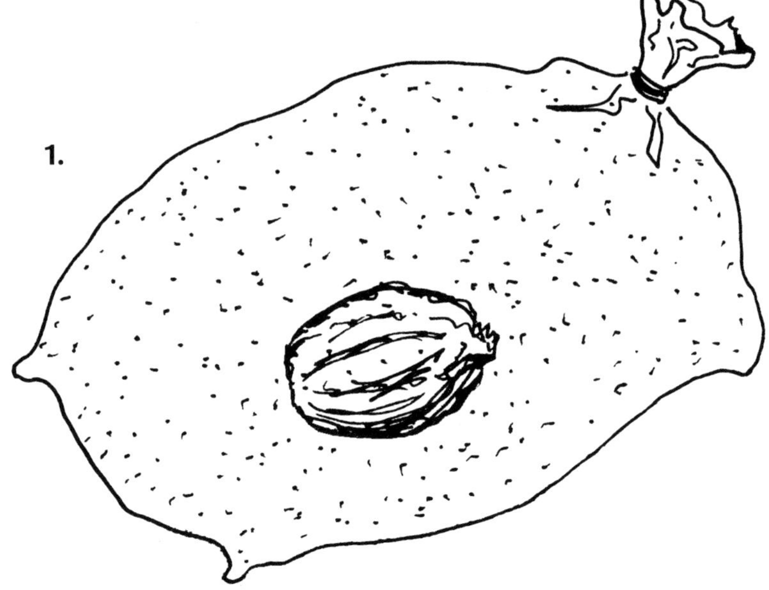

So geht es

Tierische Zellen haben eine Zellmembran, die das Protoplasma mit dem Zellkern darin umschließt. Pflanzliche Zellen haben u.a. zusätzlich eine feste Zellwand, Blattgrünkörper und eine Zellsaftvakuole.

1. **Tierische Zelle:** In einen transparenten Plastikbeutel wird ein rundlicher Körper als Zellkern hineingegeben, mit Wasser aufgefüllt und verschlossen.
2. **Pflanzliche Zelle:** In den Plastikbeutel gibt man zusätzlich einige Abschnitte von Grashalmen und einen kleinen Plastikbeutel, der mit einer gefärbten Flüssigkeit gefüllt sein kann. Das Ganze packt man in eine Schachtel als Zellwand.

2.

Größe von Zellen

Altersstufe

Ab Klasse 5

Benötigtes Material

- Streichholzschachtel
- Schuhkarton
- Kordel oder Faden

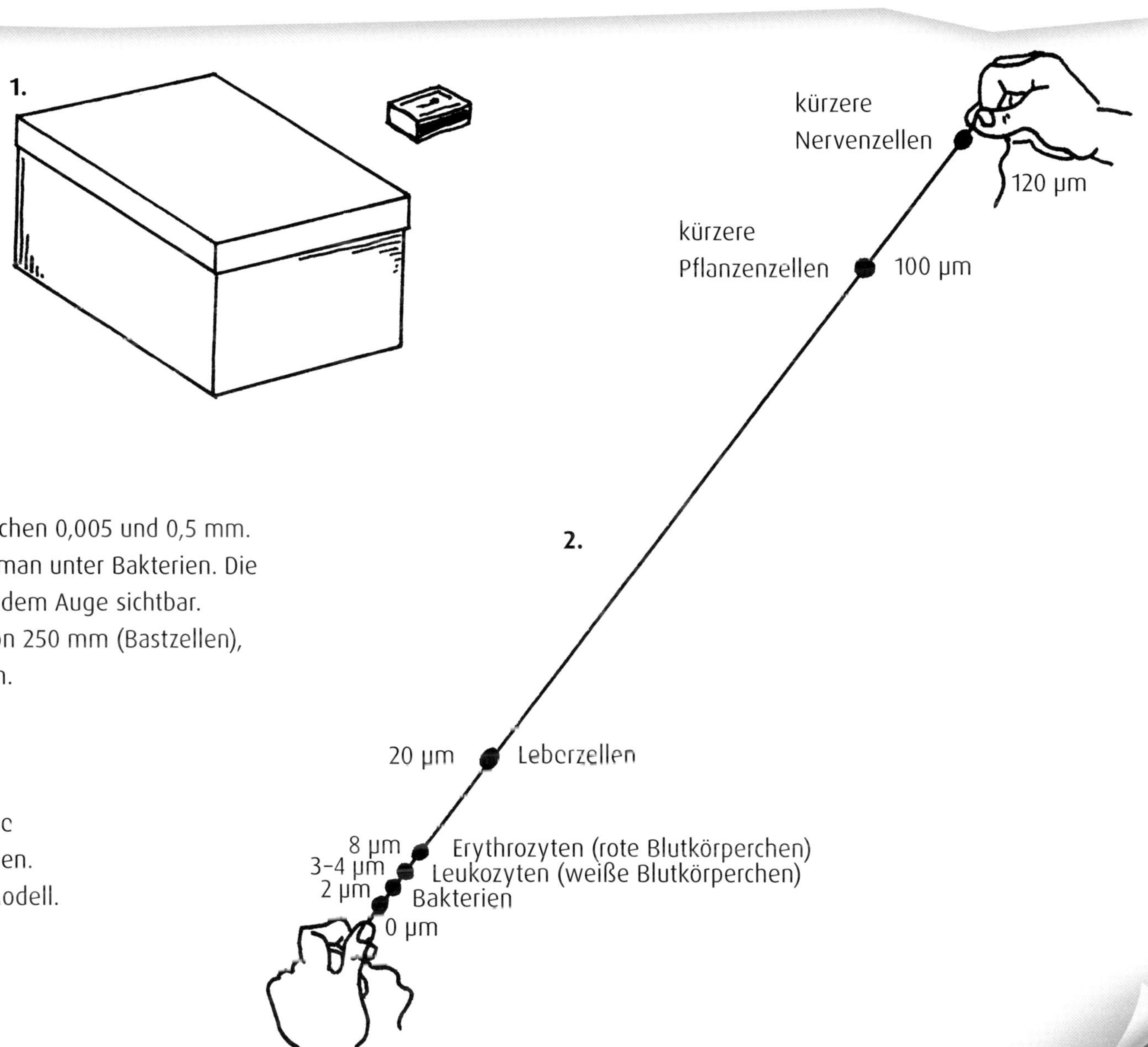

So geht es

Der Durchmesser vieler tierischer Zellen liegt zwischen 0,005 und 0,5 mm. Sehr kleine Zellen bis herab zu 0,0001 mm findet man unter Bakterien. Die menschliche Eizelle ist mit ca. 0,3 mm bereits mit dem Auge sichtbar. Pflanzliche Zellen erreichen beachtliche Längen von 250 mm (Bastzellen), die Nervenzellen von Wirbeltieren sogar 1 000 mm.

1. Streichholzschachtel und Schuhkarton machen ungefähre Größenunterschiede sichtbar.
2. Mit einem Faden kann man Größenunterschiede auch an der Wand des Klassenzimmers darstellen. 1µm = 1/1000 mm, dargestellt durch 1 cm im Modell.

Gewebe

Altersstufe

Ab Klasse 5

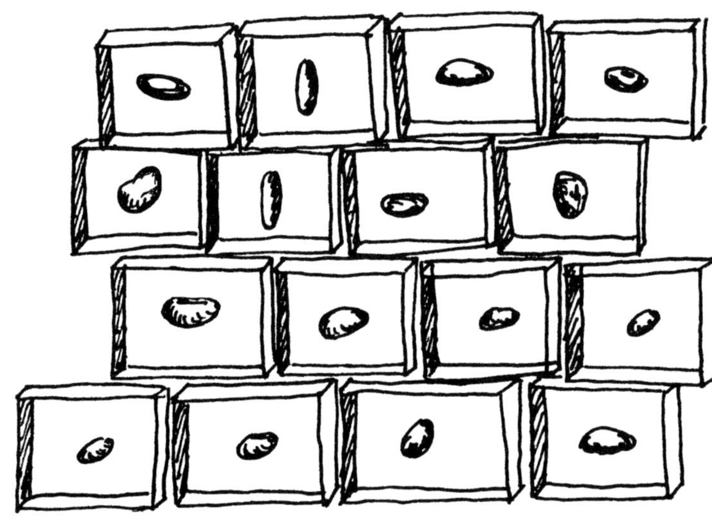

Benötigtes Material

- Streichholzschachteln
- Kronenkorken
- Papierstreifen
- Erbsen, Bohnen
- Schere
- Klebstoff

So geht es

Aus dem Alltag kennt man Textilgewebe. Dies sind Verbände von Fäden. In der Biologie sind Gewebe Verbände gleichartiger Zellen.

Aus mehreren Modellen einfacher Zellen (s. Seite 9, „Einfache Zellmodelle") kann man Gewebe bilden. Auch hierbei sind der Fantasie keine Grenzen gesetzt. Zusammengeklebte Streichholzschachteln, Kronenkorken oder Ringe aus Papierstreifen (s. Seite 18, „Organe") mit Erbsen und Bohnen als Zellkernen darin regen vielleicht noch zu weiteren Ideen für Gewebemodelle an.

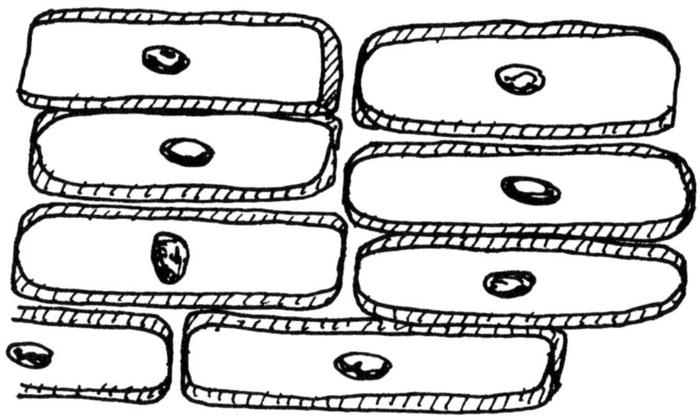

Gewebemodelle im Alltag

Altersstufe

Ab Klasse 5

Benötigtes Material

- Trinkhalm
- Seifenlösung
- Glasgefäß

So geht es

Anschauliches zum Thema Gewebe findet man auch im Alltag. Straßenpflaster, Backsteinmauern, geflieste Wände und Böden oder Seifenblasen im Glas sind Verbände von gleichartigen Einheiten.

Organe

Altersstufe

Ab Klasse 5

Benötigtes Material

- Kronenkorken
- Streichholz- oder andere Schachteln
- Erbsen, Bohnen
- Papier in verschiedenen Farben
- Schere
- Klebstoff

So geht es

Organe sind Verbände verschiedener Gewebe von einheitlicher Bauart und bestimmter Funktion. Herz, Muskeln, Auge, Blätter, Blüten und Wurzeln sind Beispiele.

1. Das Bauprinzip eines aus zwei Geweben bestehenden Organs kann man z.B. anhand von Kronenkorken und Schachteln mit Erbsen und Bohnen darin darstellen.
2. Aus farbigen Papierstreifen kann man Zellen verschiedener Form und Farbe herstellen und diese zum Modell eines Organs zusammenkleben oder -legen (etwa einem Blattquerschnitt).

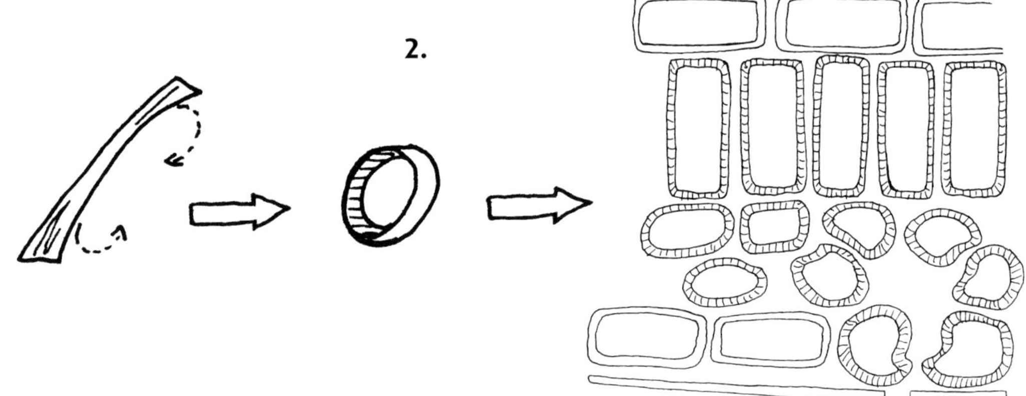

Modellvorstellungen aus dem Alltag

Altersstufe

Ab Klasse 5

Benötigtes Material

Kein besonderes Material erforderlich.

So geht es

Mauerwerk aus verschiedenen Steinen, Wände und Böden aus verschiedenen Fliesen oder Mosaikpflaster bieten sich zur weiteren Veranschaulichung der Gewebeverbände in Organen an. Auch anhand eines Schulgebäudes kann man verschiedene Organisationsstufen von der Zelle bis zum Organismus entdecken lassen: Der Klassenraum als Zelle, mehrere Klassenräume als Gewebe, Klassen-, Fachraumtrakte und Flure zusammen als Organe. Weitere Beispiele finden die SchülerInnen dann mit Sicherheit.

Ordnen

Altersstufe

Ab Klasse 1/2

Benötigtes Material

- Papier
- Farbstifte
- Schere

So geht es

Die Systematik ist die Lehre von der Erfassung und Darstellung einer Vielfalt von Erscheinungen in einem Ordnungsgefüge. Die Ordnung kann nach verschiedenen Kriterien erfolgen und zu verschiedenen Ordnungssystemen führen.
Allgemeine Prinzipien des Ordnens kann man mit einfachen Mitteln oder anhand von Beobachtungen im Alltag einführen. Dazu lässt man Körper verschiedener Form systematisch ordnen. Für den Anfang genügen aus Papier ausgeschnittene, unterschiedliche Formen, die noch mit verschiedenen Farben und Mustern gekennzeichnet werden können. In einer Tüte kann man sie bis zur nächsten Verwendung aufbewahren.

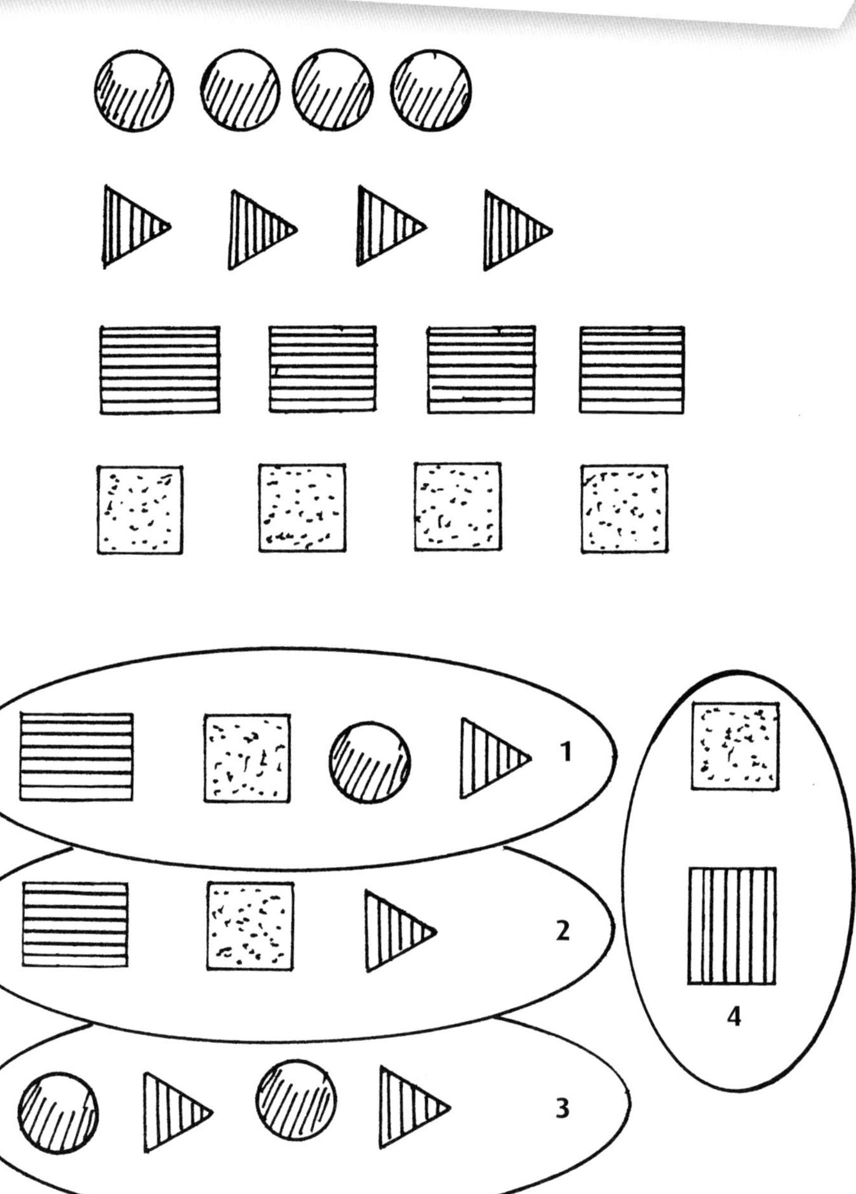

Ordnen im Alltag

Altersstufe

Ab Klasse 2/3

Benötigtes Material

Kein besonderes Material erforderlich.

So geht es

Auch der Alltag ist durch Ordnungsprinzipien bestimmt. Ein Unterrichtsgespräch darüber vermittelt die Einsicht, dass die Systematik keineswegs nur ein abstrakter Teilbereich der Biologie ist.
Regale im Haushalt, in Geschäften oder in Bibliotheken, die Anlage von Stadt- und Gemarkungsbezirken oder die Anlage eines Gartens und auch die Abfallsortierung folgen Ordnungsprinzipien.

Eigenes Ordnen

Altersstufe

Ab Klasse 3/4

Benötigtes Material

- Korb oder Karton
- Sortiment Alltagsgegenstände

So geht es

Lassen Sie die Schüler doch einmal selbst Ordnungsprinzipien aufstellen, anstatt sofort in die wissenschaftliche Systematik einzusteigen. Das Ergebnis wird vermutlich eine Vielzahl von Ordnungsprinzipien ergeben und damit auch die Notwendigkeit einer einheitlichen Ordnung einsichtig machen.

Im Freiland kann man ein Areal abstecken und alle dort befindlichen Pflanzen zunächst nach eigenen Kriterien ordnen lassen. Man kann auch einen Korb mit den verschiedensten Gegenständen des täglichen Lebens mitbringen und ordnen lassen.

Blätter ordnen

Altersstufe

Ab Klasse 4/5

Benötigtes Material

- Blätter
- Pflanzenpresse
- Klebstoff
- Papier (A4)

So geht es

Zur Einführung in das Prinzip Ordnung von biologischen Objekten kann man Blätter von einkeimblättrigen und zweikeimblättrigen Pflanzen sammeln, pressen (s. Seite 24, „Pflanzen pressen"), ordnen und aufkleben lassen. Die Blätter zweikeimblättriger Pflanzen bieten sich anschließend wegen der Vielfalt zur weiteren Ordnung nach Blattformen und Blatträndern an.

Pflanzen pressen

Altersstufe

Ab Klasse 3

Benötigtes Material

- 2 Bretter (20 x 30 cm)
- Zeitungspapier
- Steine
- 4 Flügelschrauben
- Papier (A4)

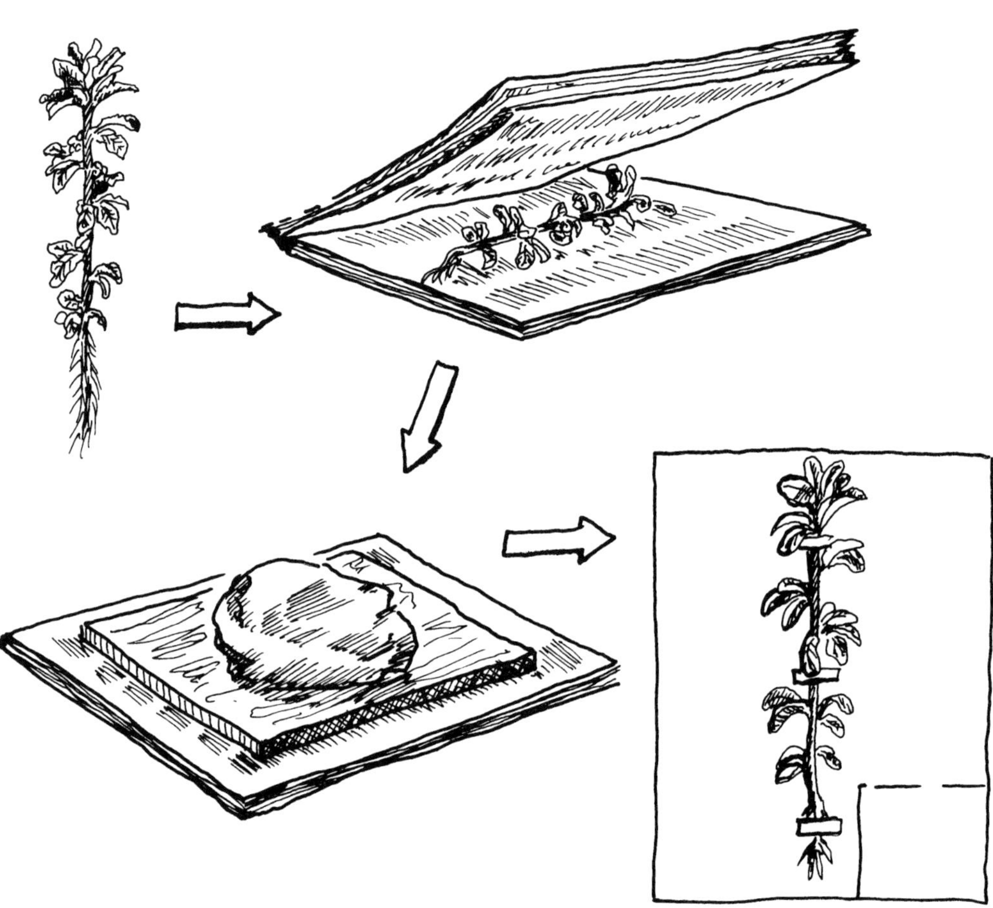

So geht es

Die Anlage eines Herbariums ist zu Unrecht aus der Mode gekommen. Pflanzen werden kaum noch gesammelt und bestimmt. Beim Sammeln sollte man aber vorsichtig sein und die Pflanzen nicht wahllos massenhaft einfach herausreißen.

Dabei genügen zwei Bretter, etwas saugfähiges Zeitungspapier und ein schwerer Stein für eine einfache Pflanzenpresse (s. Abb.). So kann man die Blätter der wichtigsten Laubbäume sammeln, pressen und ausstellen lassen. Im Herbst können dies die Zersetzungsstadien der Blätter sein.

Eine andere Presse besteht aus zwei Brettern, die durch vier Schrauben zusammengehalten werden (ohne Abb.).

Abdrücke abnehmen

Altersstufe

Ab Klasse 4

Benötigtes Material

- Gips, Lehm oder Ton
- Pappkarton oder Plastikwanne
- Vaseline oder Speisefett
- Blätter u.Ä.

So geht es

Abdrücke oder Versteinerungen von abgestorbenen Tieren und Pflanzen nennt man Fossilien.

Das Entstehen von Abdrücken kann man mit Gipsbrei, feuchtem Lehm oder Ton zeigen. Zunächst werden Blätter oder andere flache Objekte mit Vaseline oder Fett bestrichen. Anschließend wird ein nicht allzu dickflüssiger Gipsbrei angerührt und in einen Karton gegossen. Die hineingedruckten Objekte lassen sich nach dem Festwerden des Gipsbreis leicht entfernen. Ein schöner Abdruck bleibt zurück. Von einem solchen Abdruck kann man ein Positiv herstellen, indem man ihn einfettet und ausgießt.

Arbeitsmodell einer Sprosspflanze

Altersstufe

Ab Klasse 5

Benötigtes Material

- Fotokarton
- Büroklammern
- Draht oder Stricknadel
- Kordel
- Schere

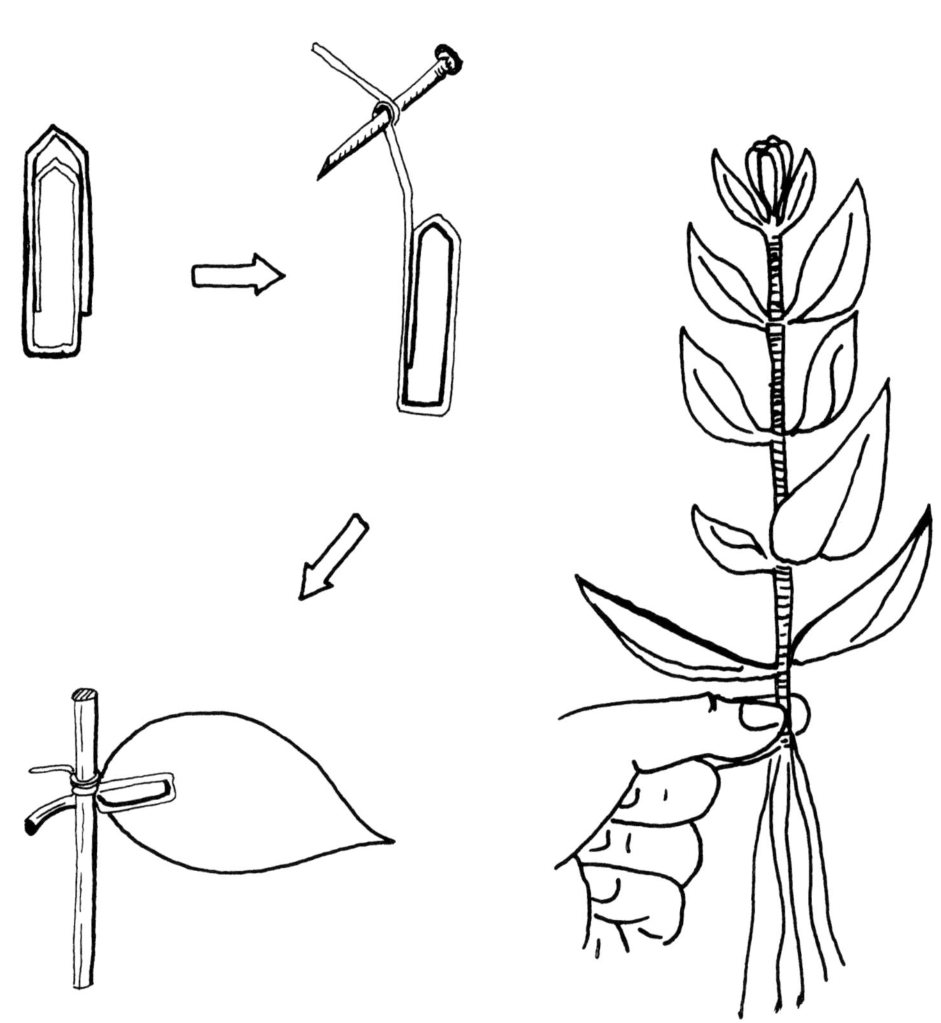

So geht es

Sprosspflanze ist eine Sammelbezeichnung für die Farn- und Samenpflanzen, weil diese aus einem (zumeist) unterirdischen Wurzelsystem und einem (zumeist) oberirdischen Spross bestehen. Der Spross der Samenpflanzen besteht aus Sprossachse, Blättern und Blüte(n).

Für ein Modell schneidet man aus leichtem Fotokarton die Form der Blätter aus und klemmt diese in eine teilweise aufgebogene Büroklammer. Draht oder eine Stricknadel stellen den Stängel dar. Um diesen dreht man mehrfach das aufgebogene Ende der Büroklammer, dadurch sitzt das Blatt fest und lässt sich dennoch bewegen. Man befestigt an dem Stängel noch Wurzeln aus Kordel (s. auch Seite 27, „Blattstellungen üben").

Blattstellungen üben

Altersstufe

Ab Klasse 7

Benötigtes Material

- Fotokarton
- Büroklammern
- Draht oder Stricknadel
- Flasche
- Korken
- Kordel
- Schere

So geht es

Die Blattstellung bei Blütenpflanzen ist als Thema im Unterricht selten geworden. Für die Bestimmung von Pflanzen aber ist die Blattstellung unerlässlich. Vielleicht kann man dieses Thema einmal umgekehrt angehen: indem man Übungsmodelle baut und dazu die Originale in der Natur sucht.

Für das Modell klemmt man Blätter in Büroklammern und zieht sie auf eine Stricknadel oder Draht auf, wie auf Seite 26 unter „Arbeitsmodell einer Sprosspflanze" beschrieben. Die Blätter lassen sich dann auf der Achse je nach Blattstellung drehen oder zusammenschieben. Auf diese Weise lassen sich gegenständige, wechselständige, kreuzgegenständige und andere Blattstellungen (s. Abb. 1) sowie gestauchte Sprossachsen (z.B. die Zwiebel) darstellen (s. Abb. 2).

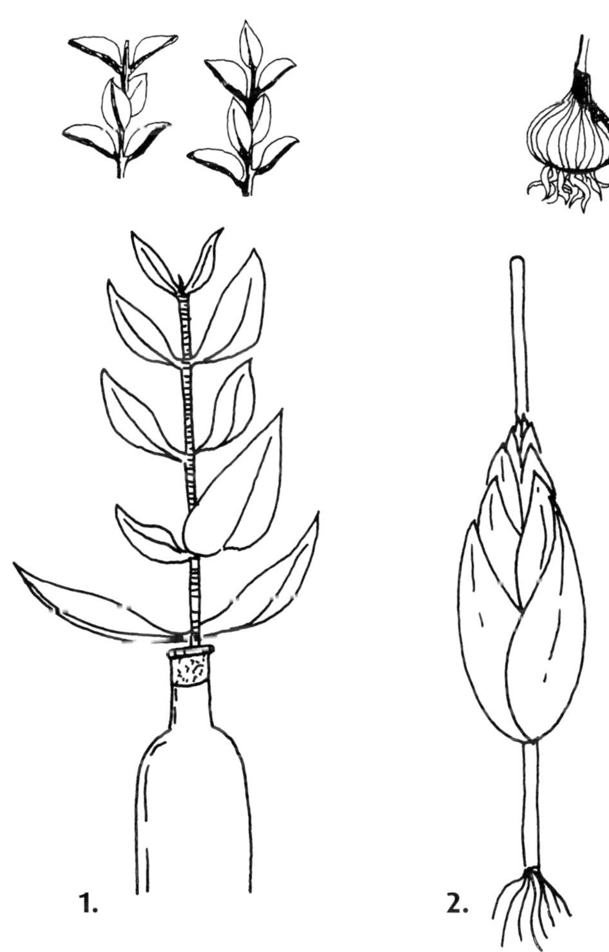

Blütenstände stecken

Altersstufe

Ab Klasse 7

Benötigtes Material

- Weichholzstäbe
- Stahlstifte
- Stecknadeln mit Köpfen
- Bastelmesser

So geht es

Das Thema Blütenstände könnte man in einer Projektwoche oder in häuslicher Arbeit interessierten Schülern nahe bringen.

Als Stängelabschnitte verwendet man Weichholzstäbe, die durch Stahlstifte miteinander verbunden werden. Stecknadeln mit Köpfen oder Nägel stellen die Einzelblüten dar. Als Beispiele sind hier **1.** Traube, **2.** Rispe, **3.** Dolde und **4.** Doldenrispe abgebildet. Die Modelle können dann zusammen mit den Originalen ausgestellt werden.

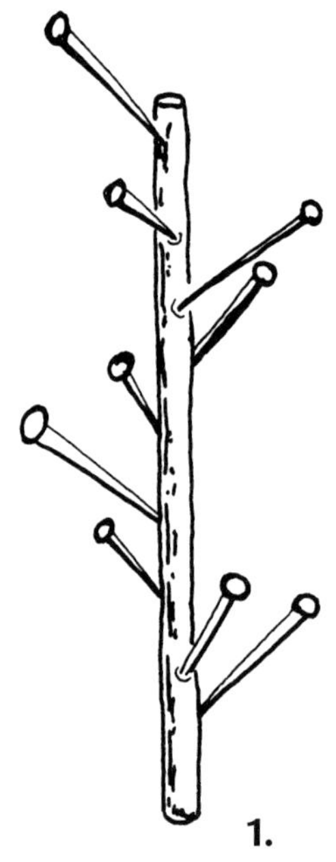

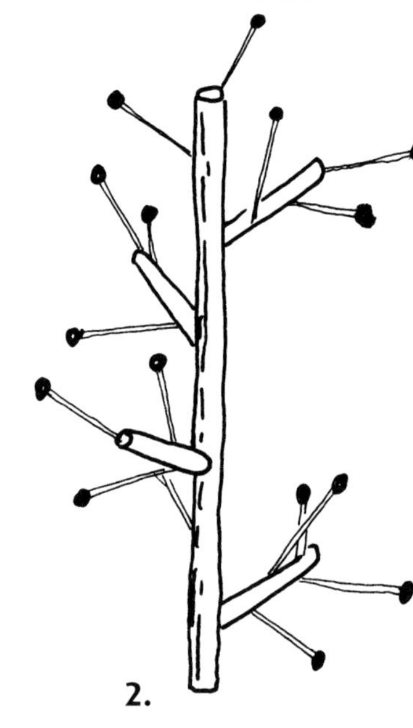

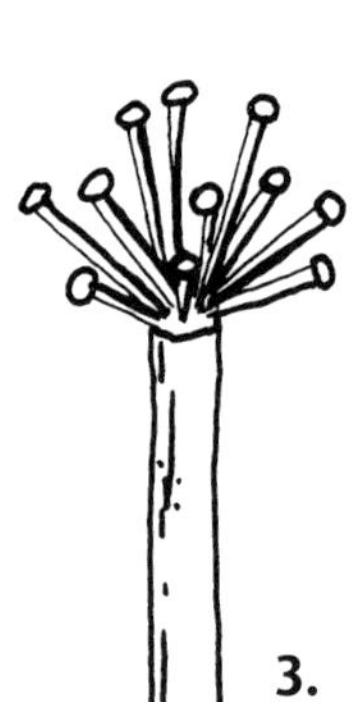

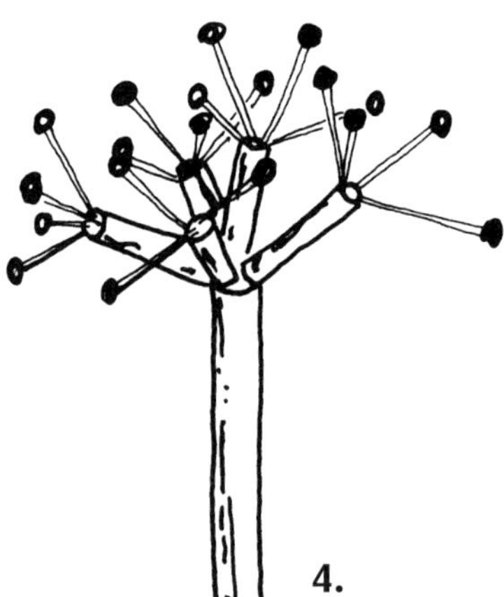

Bestäubung und Befruchtung

Altersstufe

Ab Klasse 5

Benötigtes Material

- Pappe oder Papier
- Farbstifte
- Kronenkorken
- Erbsen
- Schere
- Klebstoff

So geht es

Fremdbestäubung, Selbstbestäubung, Wind- und Insektenbestäubung bleiben nicht nur für Schüler aus einem fremden Sprachraum oft unverstandene Wortungetüme. Vielleicht gelingt es, den Inhalt durch Basteln „be-greifbar" zu machen.

Auf Pappe oder Papier zeichnet man die Umrisse einer Blüte (ähnlich wie unten abgebildet) und schneidet sie aus. Kronenkorken mit Erbsen darin sind die Staubbeutel. Biene und Wolke werden gezeichnet und ausgeschnitten. Mit etwas Fantasie können Sie das Modell noch weiter verbessern (lassen).

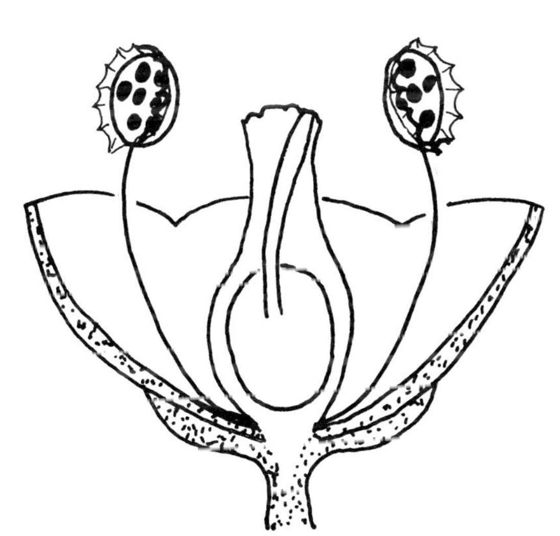

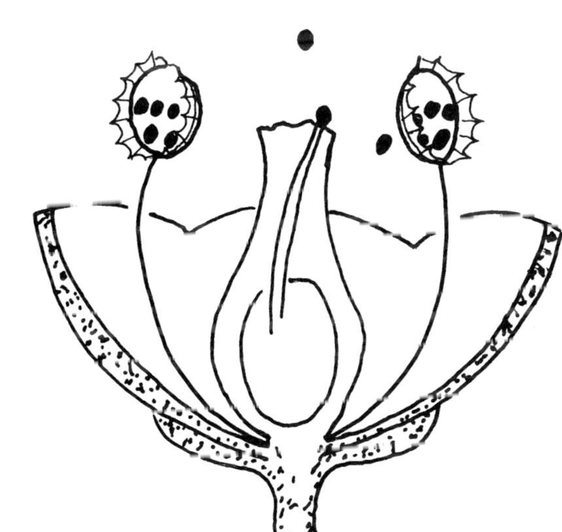

Tulpenblüten stecken

Altersstufe

Ab Klasse 5

Benötigtes Material

- Pappe
- Stecknadeln
- Streichhölzer
- Aluminiumfolie
- Styropor oder Gefäß mit Sand
- Schere/Bastelmesser

So geht es

Die Tulpenblüte ist wegen ihres übersichtlichen Aufbaus ein beliebtes Objekt im Biologieunterricht. Sie hat 6 Kronblätter in zwei Kreisen, 6 Staubblätter sowie einen Stempel aus 3 verwachsenen Fruchtblättern, Kelchblätter fehlen.

Die Kronblätter schneidet man aus leichter Pappe aus. Stecknadeln oder Streichhölzer bilden die Staubblätter und drei mit Aluminiumpapier umwickelte Streichhölzer den Stempel. Diese Teile werden in Styropor oder in ein Gefäß mit Sand gesteckt.

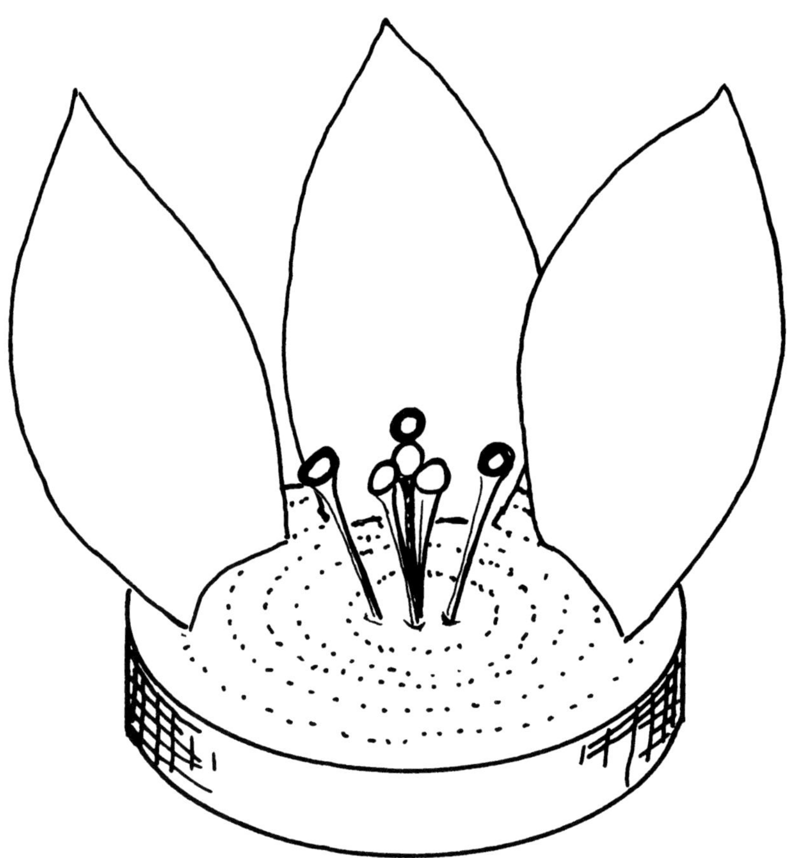

Tulpenblüte drucken

Altersstufe

Ab Klasse 5

Benötigtes Material

- junge Tulpenblüten
- Stempelkissen
- saugfähiges Papier
- Bastelmesser

So geht es

Blütendiagramme sind, sofern sie nicht anschaulich entwickelt werden, schwer verständlich. Junge Tulpenblüten sind fest und daher für Stempelabdrucke geeignet.

Man schneidet eine Blüte mit einem scharfen Bastelmesser quer durch. Die Blüte drückt man anschließend vorsichtig auf ein frisch präpariertes Stempelkissen. Der Abdruck sollte auf saugfähigem Papier erfolgen.

Kreuzblüte

Altersstufe

Ab Klasse 5

Benötigtes Material

- Weinkorken
- Streichhölzer
- Stecknadeln mit Köpfen
- Aluminiumfolie oder Papier
- grüner, roter u. gelber Fotokarton
- Schere

So geht es

Eine Kreuzblüte hat 4 Kelchblätter, 4 Kronblätter, 6 Staubblätter in zwei Kreisen (2 kurze + 4 lange) und einen aus 2 verwachsenen Fruchtblättern bestehenden Stempel.

Als Blütenboden dient ein Weinkorken. Zwei mit Aluminiumfolie oder Papier umwickelte Streichhölzer bilden den Stempel. Die Staubblätter werden durch Stecknadeln oder Streichhölzer mit Köpfen dargestellt. Kelch- und Kronblätter werden aus grünem bzw. rotem oder gelbem Fotokarton ausgeschnitten und am Korken befestigt. Man kann den Korken unten abrunden und mit einem Blütenstiel versehen.

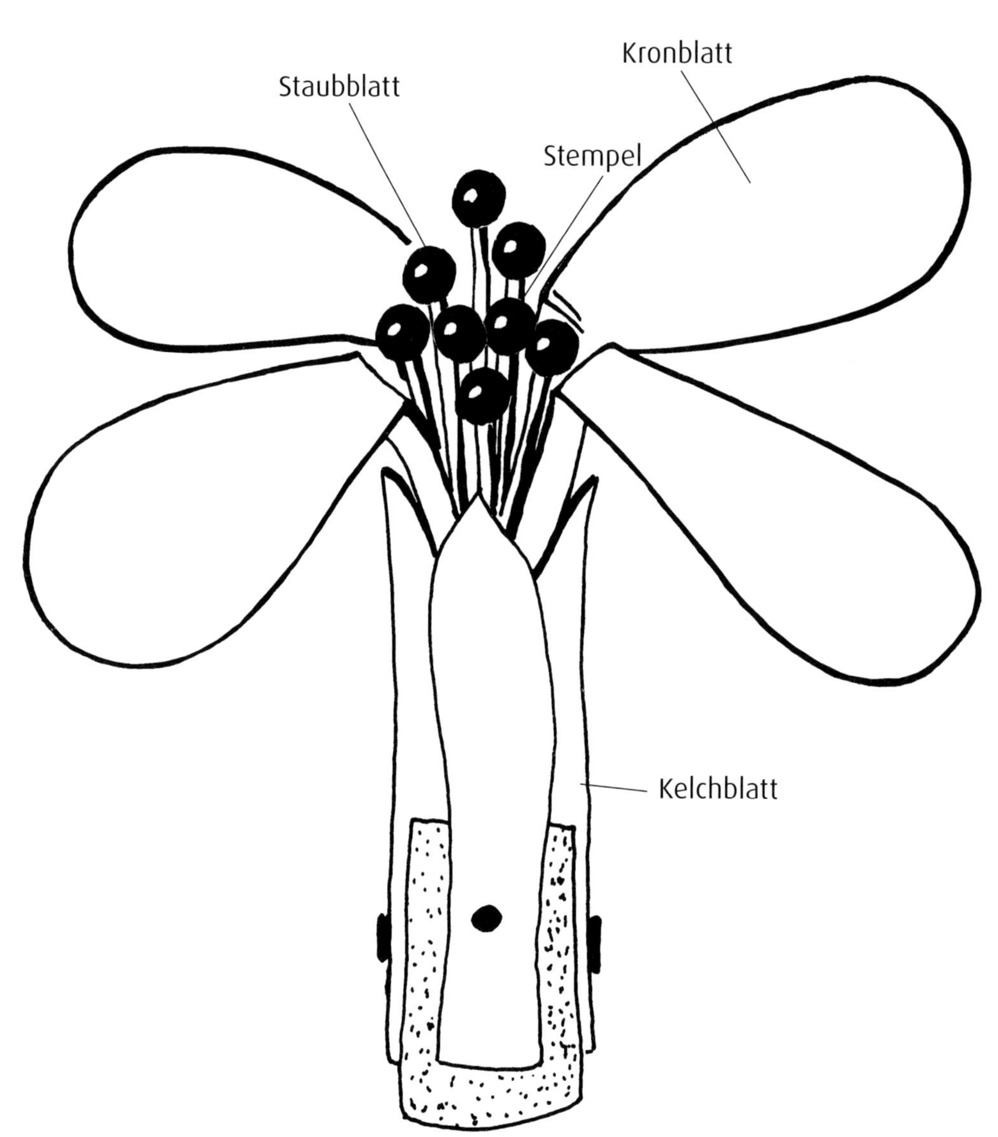

Grasblüte

Altersstufe

Ab Klasse 5

Benötigtes Material

- Knetstoff oder Ton
- Streichholz
- Pfeifenreiniger
- Blumendraht
- Fotokarton
- Korken
- Schere

So geht es

Die Einzelblüte besteht aus der Deckspelze, einer etwas kleineren Vorspelze, drei Staubblättern und einem Fruchtblatt mit zwei federartigen Narben sowie zwei Blütenschuppen (Schwellkörpern). Die Deckspelze kann begrannt (mit steifer Borste auf dem Rücken oder an der Spitze besetzt) sein.

Fruchtknoten und Blütenboden bestehen aus Knetstoff oder Ton, ein Streichholz dient als Blütenstiel. Die Narben sind Pfeifenreiniger. Aus Blumendraht und Knetstoff (oder Korkstücken) formt man die Staubblätter. Aus Fotokarton werden **1.** Deckspelze, **2.** Vorspelze und **3.** Blütenschuppen geschnitten. In der Abbildung des Modells ist die Deckspelze weggelassen (s. dazu die orientierende Abbildung).

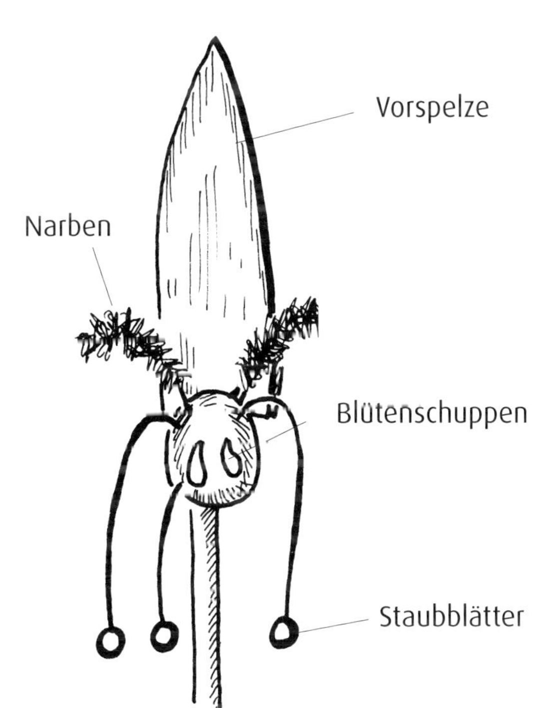

Bohne basteln

Altersstufe

Ab Klasse 5

Benötigtes Material

- Fotokarton
- Plastikfolie
- Schere
- Klebstoff

So geht es

Ein junger Bohnenkeimling besteht aus der Samenschale, zwei dicken Keimblättern und einem Keimling mit der Anlage für Wurzeln und Blätter.

Aus gefaltetem Fotokarton kann man die beiden zusammen hängenden Keimblätter ausschneiden. Der Embryo mit der Anlage für Blätter und Wurzeln wird ebenfalls aus Fotokarton ausgeschnitten und aufgeklebt. Die Samenschale fertigt man aus Plastikfolie an und klebt sie von außen auf die Keimblätter.

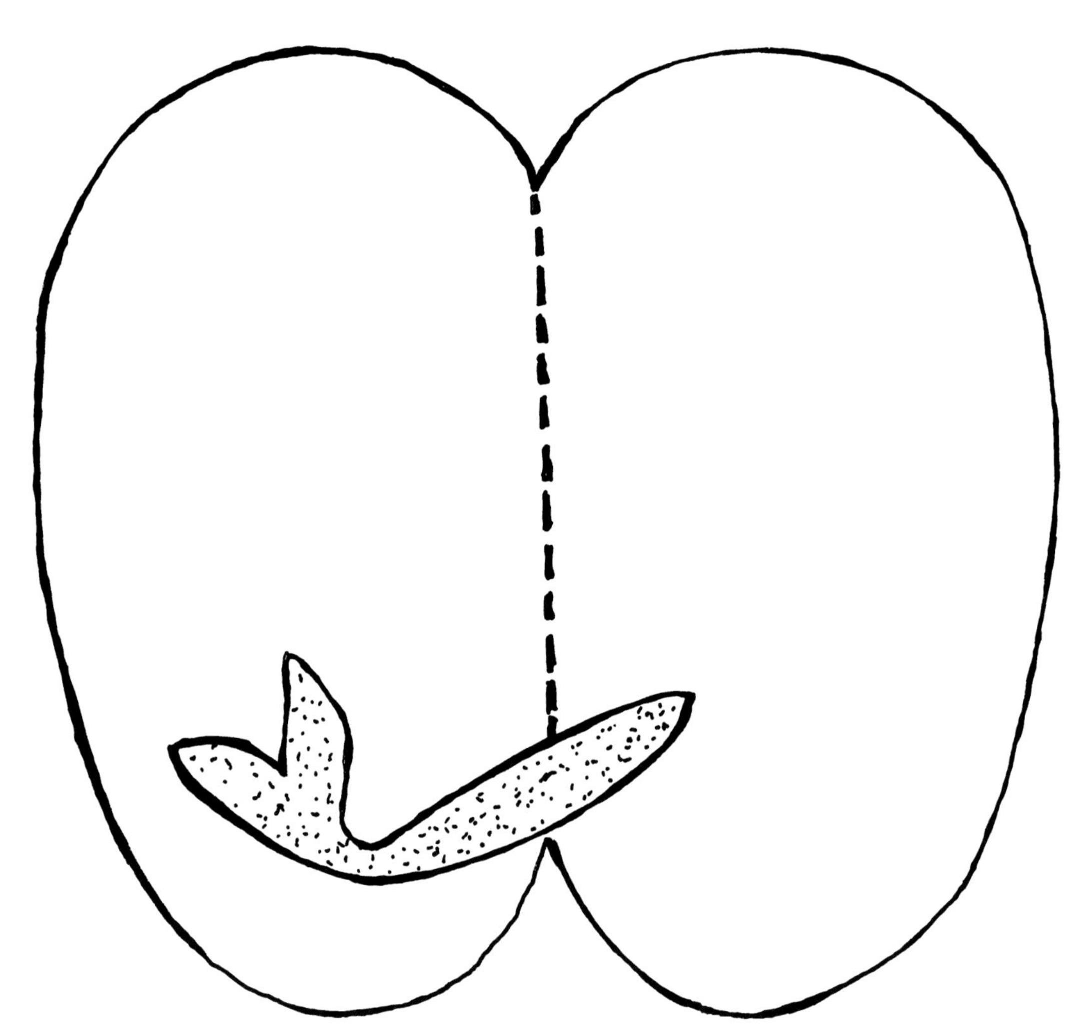

Oberflächenvergrößerung beim Kaktus

Altersstufe

Ab Klasse 5

Benötigtes Material

- Wellpappe
- Klebstoff
- Schere

So geht es

Der Stoffaustausch von Organismen mit ihrer Umwelt erfolgt über Oberflächen. Die Oberfläche des Säulenkaktus ist gefaltet wie ein Akkordeon. Bei einem kleinen Durchmesser ergibt sich so eine große Oberfläche. Diese Form erlaubt auch eine Ausdehnung des Stammes in Feuchtzeiten.

Als Material für ein Modell benutzt man einseitig beklebte Wellpappe. Zieht man davon die Unterlage ab und streckt sie, so erhält man eine Vorstellung von der eigentlichen Größe der Oberfläche.

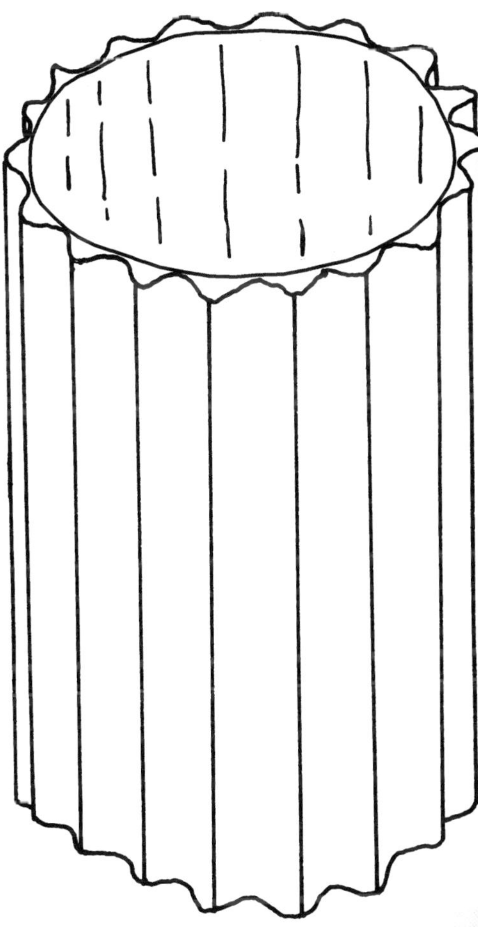

Blattquerschnitt aus Papierstreifen

Altersstufe

Ab Klasse 5

Benötigtes Material

- grüner, beiger und hellbeiger Fotokarton
- Schere
- Klebstoff

So geht es

Ein Laubblatt besteht aus verschiedenen Geweben: Den blattgrünlosen oberen und unteren Epidermen, den blattgrünhaltigen Palisaden- und Schwammgeweben. In die untere Epidermis sind die blattgrünhaltigen Schließzellen eingebettet. Die Epidermen sind von einer Schutzschicht, der Cuticula, bedeckt.

Aus grünem, beigem und hellbeigem Fotokarton schneidet man 2 cm breite Streifen für die blattgrünhaltigen und blattgrünlosen Zellen sowie für die Cuticula. Daraus klebt man die Zellen zusammen. Die Leitbündel sind weggelassen. Die Cuticula wird durch einen hellbeigen Streifen dargestellt. Man kann die einzelnen Teile fest miteinander verbinden oder zum Üben jeweils neu zusammenlegen lassen.

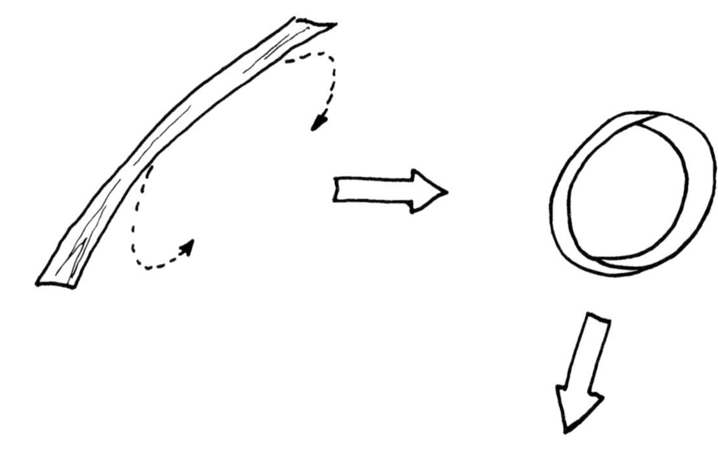

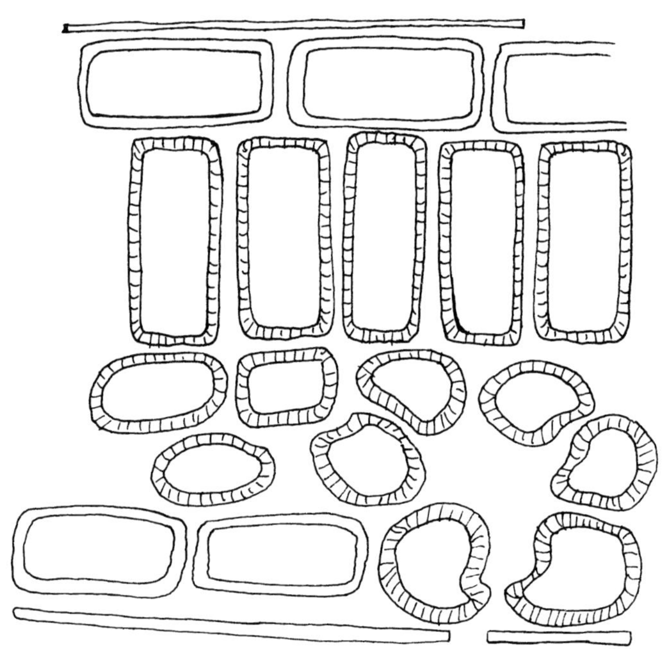

Blattquerschnitt als Blockmodell

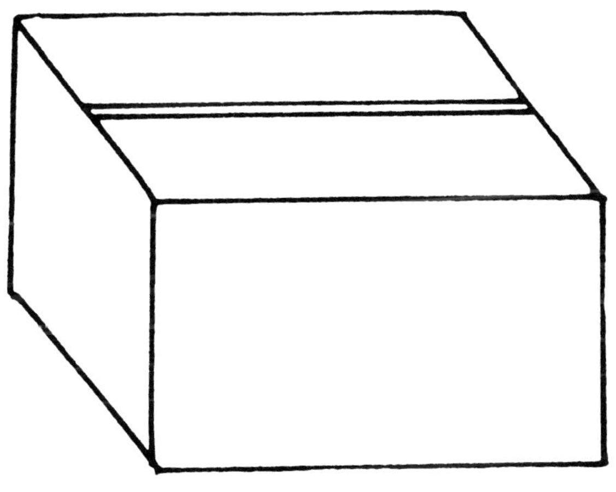

Altersstufe

Ab Klasse 5

Benötigtes Material

- Schuhkarton o.Ä.
- weißes Papier
- Bleistift
- Filzstifte in unterschiedlichen Farben
- Klebstoff

So geht es

Der Aufbau des Blattes wird in Schulbüchern zumeist als Querschnitt dargestellt. Für ein dreidimensionales Blockmodell beklebt man 3 Seiten eines Kartons mit weißem Papier. Oben trägt man die Epidermis und auf den Seiten die 2 Schnittebenen zunächst mit Bleistift und dann mit verschiedenfarbigen Filzstiften auf (s. Abb.).

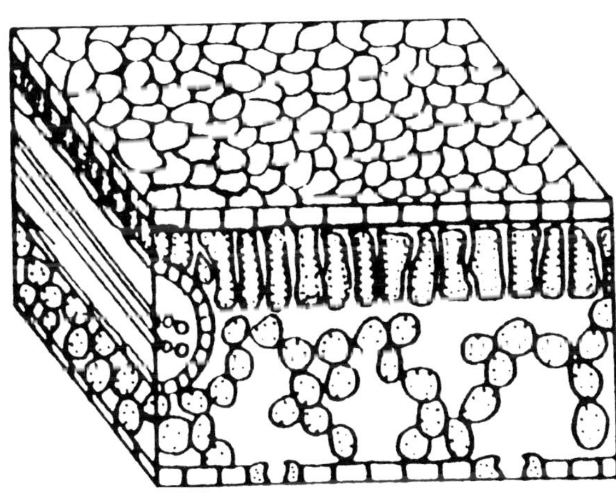

Jahresringe

Altersstufe

Ab Klasse 4

Benötigtes Material

- Papier
- Bleistift
- Stricknadel
- Streichholzschachteln
- Klebstoff

So geht es

Schon mit bloßem Auge nimmt man auf Stammquerschnitten Jahresringe wahr. Im Frühjahr entsteht das dünnwandige, weitlumige Frühholz, später das dickwandige, englumige Spätholz, das vor allem die Festigkeit des Stammes erhöht.

Gleich große (5 x 5 cm) Papierabschnitte rollt man um einen Bleistift (Frühholz) und um eine Stricknadel (Spätholz). Die Röhren kann man in dem Schuber einer Streichholzschachtel anordnen und anschließend Gewichtsvergleiche anstellen lassen. Spätholz enthält mehr Holzmasse und ist daher schwerer.

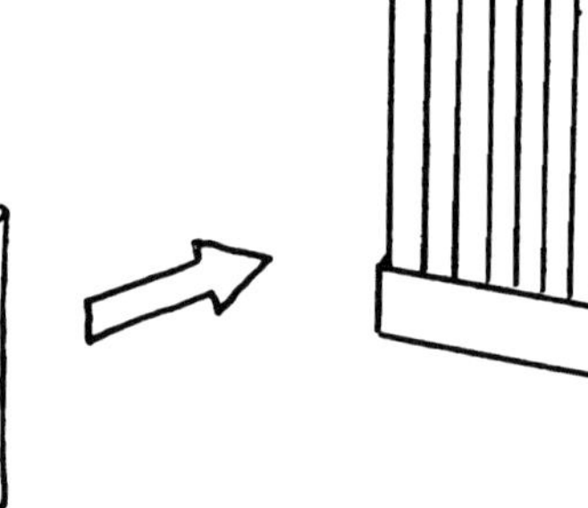

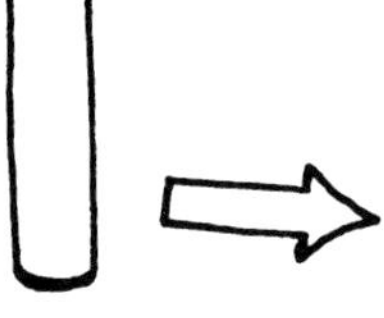

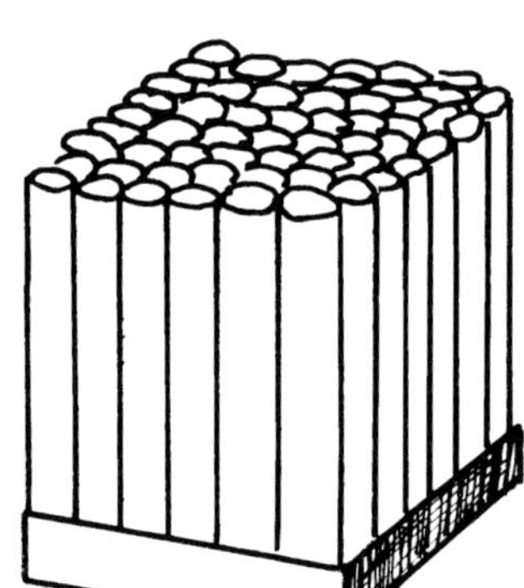

Samen fliegen

Altersstufe

Ab Klasse 4

Benötigtes Material

- Stofftaschentuch
- Kordel
- Papier
- Styroporkugel
- Fotokarton
- Knetstoff
- Daunenfedern
- Klebstoff
- Schere

So geht es

Reife Samen werden häufig über einem größeren Areal verstreut, sodass die jungen Pflanzen nicht auf engem Raum miteinander konkurrieren. Viele Samen und Früchte besitzen Flugvorrichtungen, die jeweils den Fall durch Erhöhung des Luftwiderstands verlangsamen.

1. Das Prinzip kann man mit einem Fallschirm aus einem Stofftaschentuch oder mit einem Papierhelikopter zeigen.
2. Ein einfaches Flugsamenmodell der Linde besteht aus einer Styroporkugel und einem daran mit Klebstoff befestigten Flügel aus leichtem Fotokarton.
3. Das Flugsamenmodell des Löwenzahns besteht aus einer kleinen Knetkugel, in die man einige Daunenfedern steckt.

1.

2.

3.

Funktionsmodell der Spaltöffnungen

Altersstufe

Ab Klasse 5

Benötigtes Material

- Fahrradschlauch
- Gummiring

So geht es

Die bohnenförmigen Schließzellen von Blütenpflanzen öffnen und schließen die Spaltöffnungen bei steigendem bzw. fallendem Turgor (von innen auf die Zellwand lebender pflanzlicher Zellen ausgeübter Druck). Die umgebenden Nebenzellen dienen dabei wegen ihrer ungleich verdickten Zellwände als elastische Widerlager.

Ein Fahrradschlauch wird für einen Freihandversuch in etwa 20 cm Entfernung vom Ventilstutzen luftdicht mit einem Gummiring oder mit der Hand abgeklemmt und nahe dem Ventilstutzen locker gehalten. Man legt beide Hände auf einen Tisch. Anschließend wird dieser Schlauchabschnitt von einer zweiten Person aufgepumpt, dabei darf die Entfernung zwischen Stutzen und abgeklemmtem Ende nicht verändert werden. Der Schlauch wölbt sich.

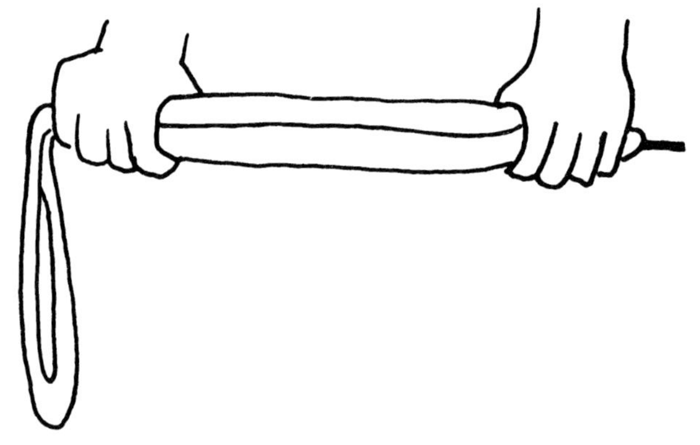

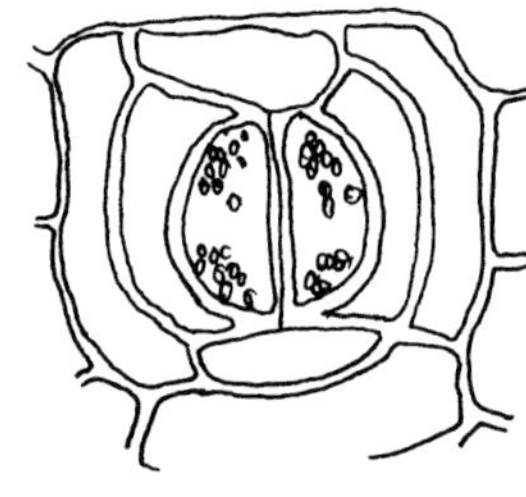

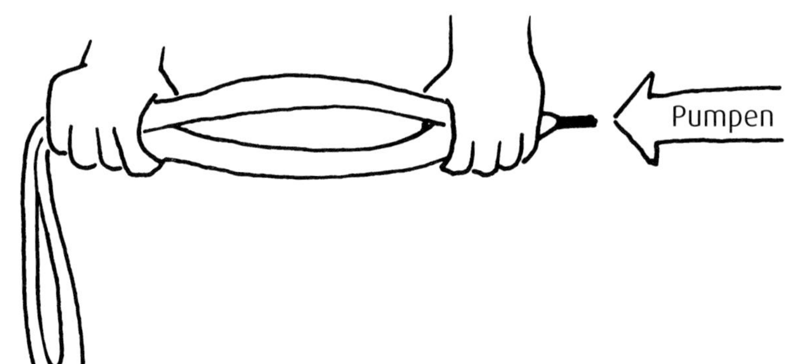

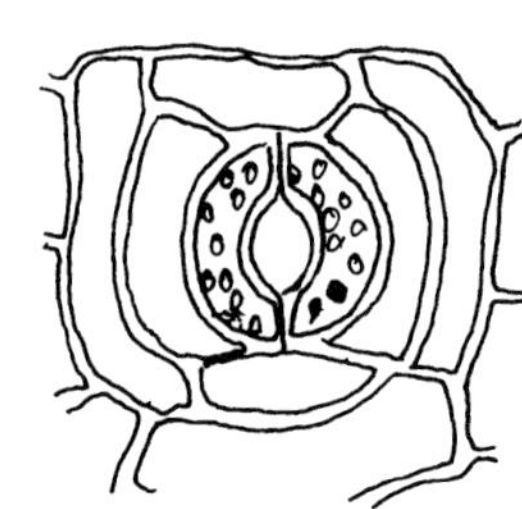

Gewächshaus

Altersstufe

Ab Klasse 3

Benötigtes Material

- Karton
- transparente Plastikfolie
- Plastikflasche
- Plastiktüte

So geht es

Für ein Gewächshaus schneidet man aus einem stabilen Karton die Flächen entsprechend Abb. 1 heraus. Auch der Boden wird herausgetrennt. Die Fenster werden anschließend mit transparenter Plastikfolie verschlossen (Abb. 2). Alternativ kann man auch einfach in drei Seiten eines Kartons Fenster schneiden und darüber die Folie kleben. Die SchülerInnen werden auch noch auf andere Lösungen kommen, z.B. unten abgeschnittene Plastikflaschen (Abb. 3). Man kann auch einfach eine Plastiktüte mit kleinen Öffnungen für den Gasaustausch über eine Pflanze stülpen.

1.

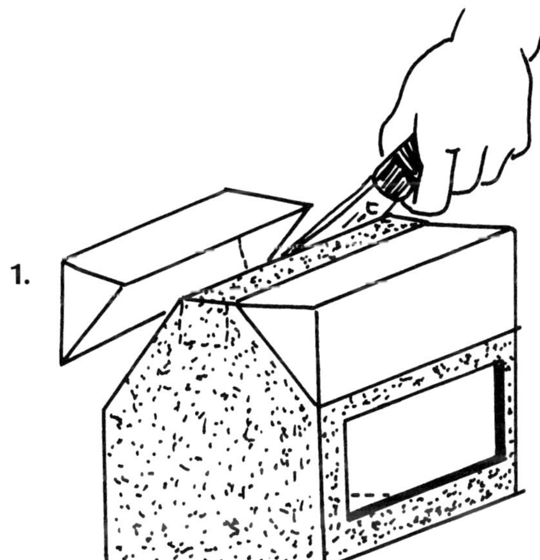

3.

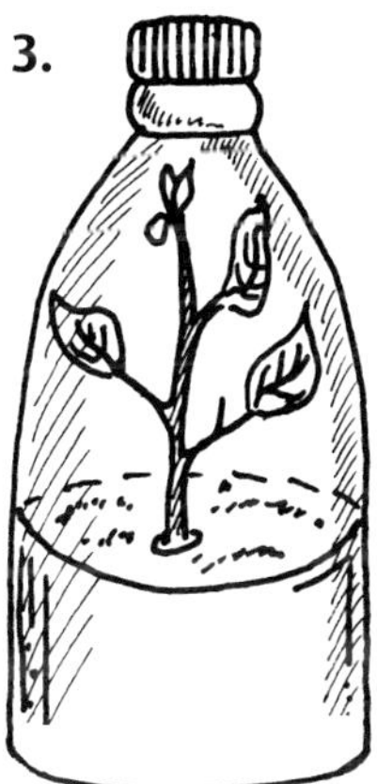

2.

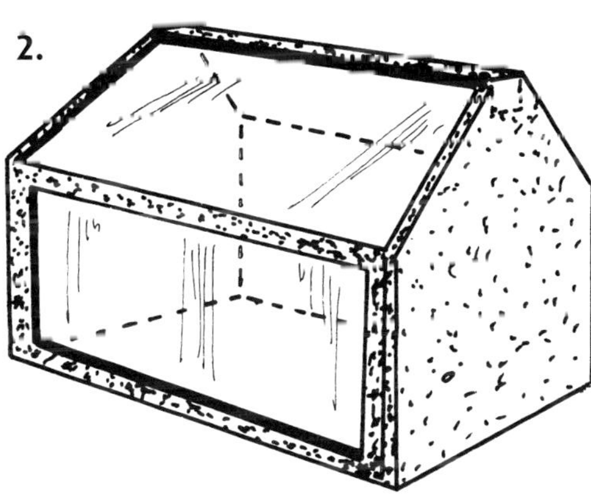

Hydra

Altersstufe

Ab Klasse 7

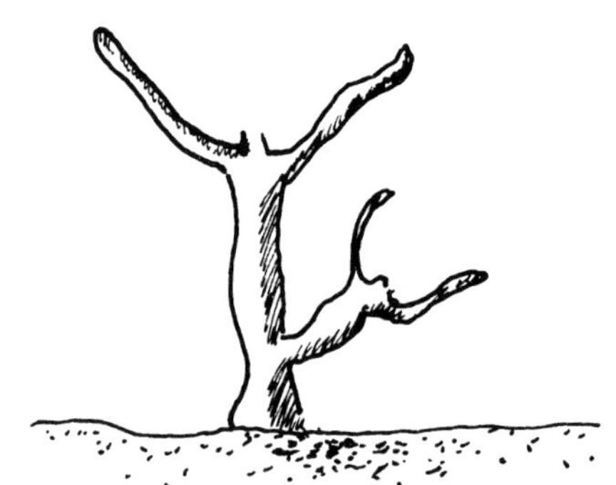

Benötigtes Material

- Plastikflaschen
- Kordel

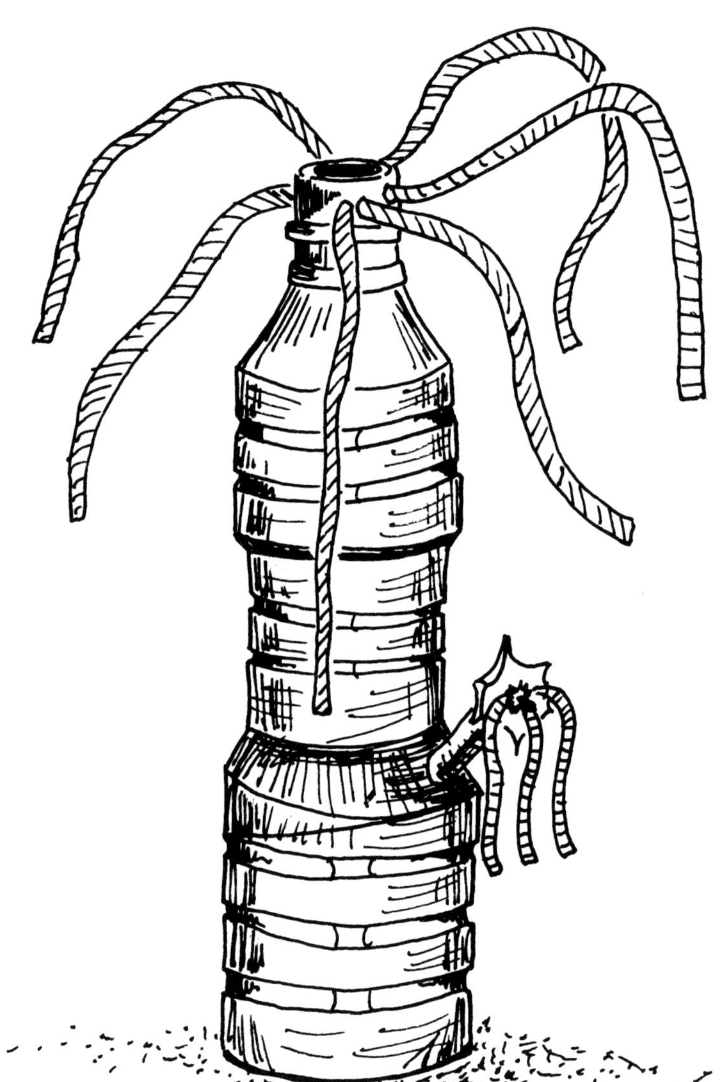

So geht es

Der Süßwasserpolyp, auch Hydra genannt, ist ein kleines, zumeist festsitzendes Tier, das in Tümpeln lebt. Es ist einfach gebaut und besteht aus einem Hohlraum, der von einem Außen- und Innengewebe gebildet wird. Fangarme befördern die Nahrung zur Verdauung durch die Mundöffnung in den Hohlraum. Die Vermehrung erfolgt durch Knospen und befruchtete Eizellen.

Der Körperbau gleicht einer Flasche, an deren Hals Schnüre befestigt sind. Plastikflaschen zum Basteln gibt es überall und Kordel auch. Man kann zusätzlich die Knospen durch kleine Flaschenabschnitte darstellen.

Ringelwürmer

Altersstufe

Ab Klasse 7

Benötigtes Material

- Papier
- Streichholzschachteln
- Schaumstoff
- Schere
- Klebstoff

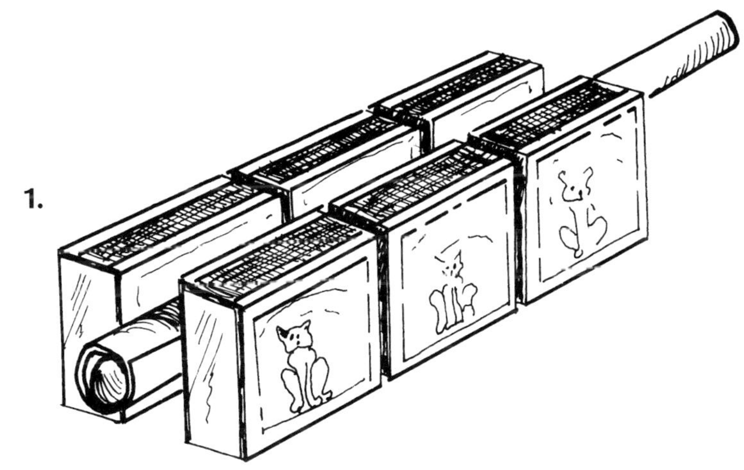

So geht es

Bei Ringelwürmern, zu denen auch die Regenwürmer gehören, besteht die Leibeshöhle (Coelom) aus segmental angeordneten Kammern beiderseits des durchgehenden Darms. Sie werden von einem ebenfalls durchgehenden Hautmuskelschlauch, der aus Längs- und Ringmuskeln und der Außenhaut besteht, umschlossen.

1. Eine Papierrolle bildet den Darm. Links und rechts davon werden Streichholzschachteln zur Darstellung der Coelomsäcke angeklebt.
2. Ein aufwändigeres Modell lässt sich um Blutgefäße, Exkretionsorgane, Hautmuskelschlauch erweitern und aus Schaumstoff und anderen Materialien herstellen. Lassen Sie die SchülerInnen ihr Modell nach ausgiebigem Studium der Anatomie entwickeln.

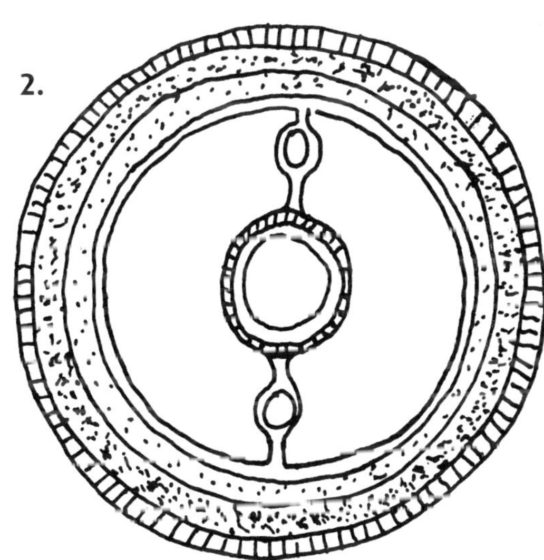

Blutegel

Altersstufe

Ab Klasse 7

Benötigtes Material

- Pappröhre
- Fotokarton
- Schere
- Klebstoff

So geht es

Mit den Regenwürmern verwandt sind die Blutegel. Die segmentale Gliederung ist jedoch verwischt. Der Mund ist als Saugorgan ausgebildet und mit drei kreissägeförmigen Kiefern bewehrt.

Für das Modell des Mundes schneidet man aus Fotokarton die drei Kiefer aus und klebt sie in eine Pappröhre (Toilettenpapierrolle).

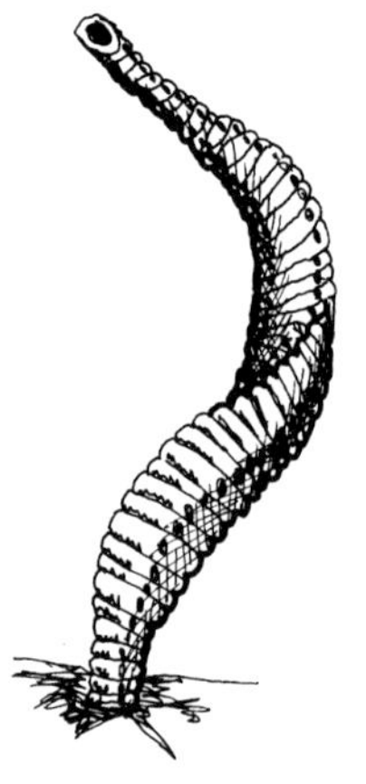

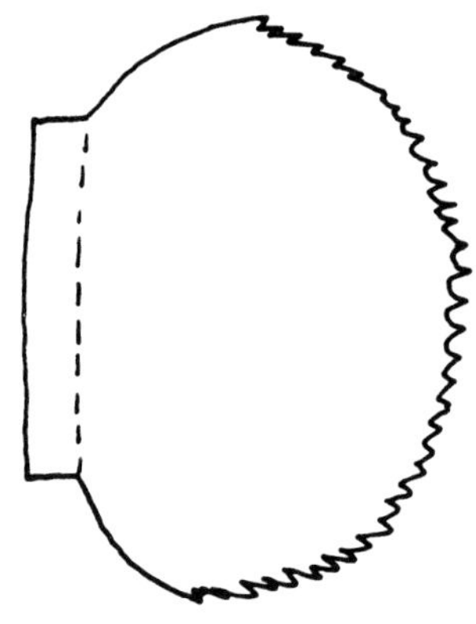

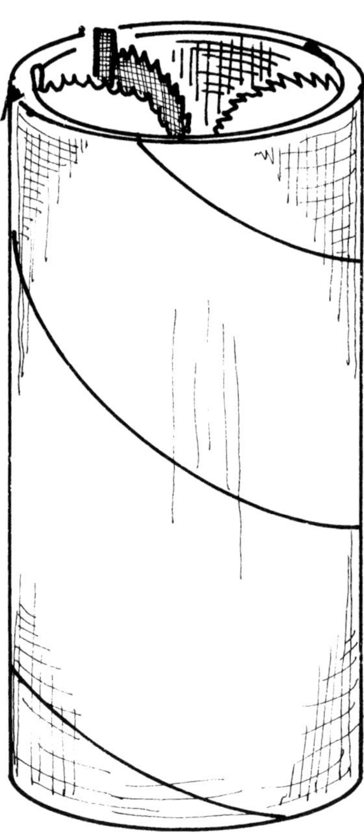

Krebsschere

Altersstufe

Ab Klasse 5

Benötigtes Material

- Pappe
- Stecknadeln
- Bindfaden
- Schere

So geht es

Krebse besitzen wie alle Gliederfüßler segmental gegliederte Extremitäten. Bei den Flusskrebsen ist das erste Brustbeinpaar zu hoch entwickelten Greif- und Zerkleinerungswerkzeugen ausgebildet.

Für ein Modell der Krebsschere verwendet man leichte Pappe, die gefaltet, ausgeschnitten und zu einer flachen Röhre verklebt wird. Der innere Teil des Spaltfußes wird ebenfalls ausgeschnitten, mit zwei Bindfäden versehen und in die flache Röhre geschoben. Wenn man beide Teile jetzt mit einer Stecknadel verbindet, kann man den inneren Teil mit den Bindfäden bewegen.

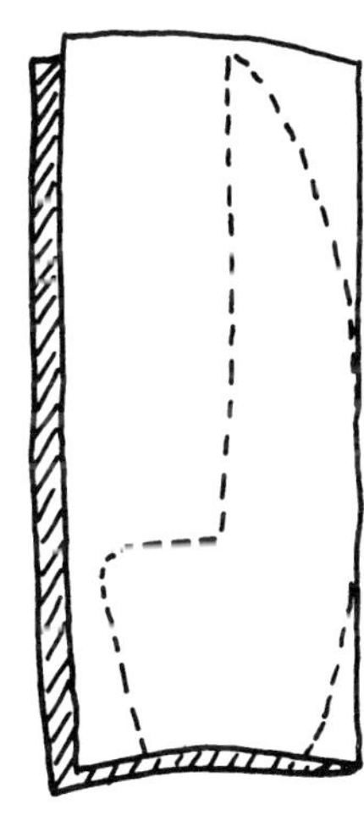

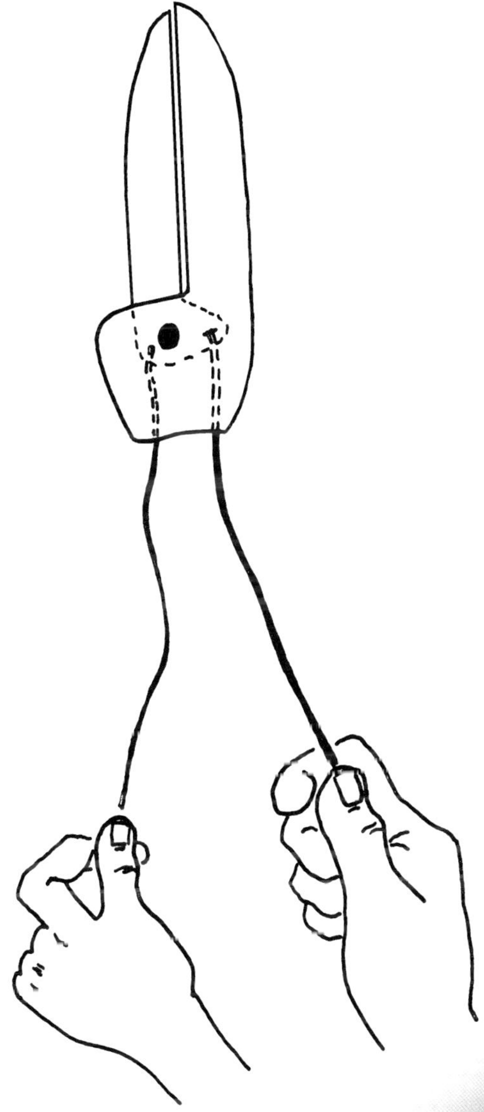

Spaß mit Schutztracht

Altersstufe

Ab Klasse 3

Benötigtes Material

- Zweige
- grobe Kordel

So geht es

Viele Tiere sind im äußeren Erscheinungsbild ihrer natürlichen Umgebung angepasst. Es gibt Raupen in der Form und Farbe von Ästen und Falter, die so dunkel sind wie die Rinde der Bäume, auf denen sie leben. Man nennt dies Schutztracht oder Mimese.

Spaß mit Schutztrachten kann man mit Modellen haben. Dazu legt man auf Zweige Abschnitte bräunlicher oder grünlicher grober Kordel als Modell einer Raupe. Auf helle oder dunkle Rinde kann man auch Rupfbilder von Insekten platzieren (s. Seite 54, „Rupfbilder von Insekten"). Streifung wie bei Zebras löst die Gestalt auf. Lassen Sie dazu ein Modell erfinden.

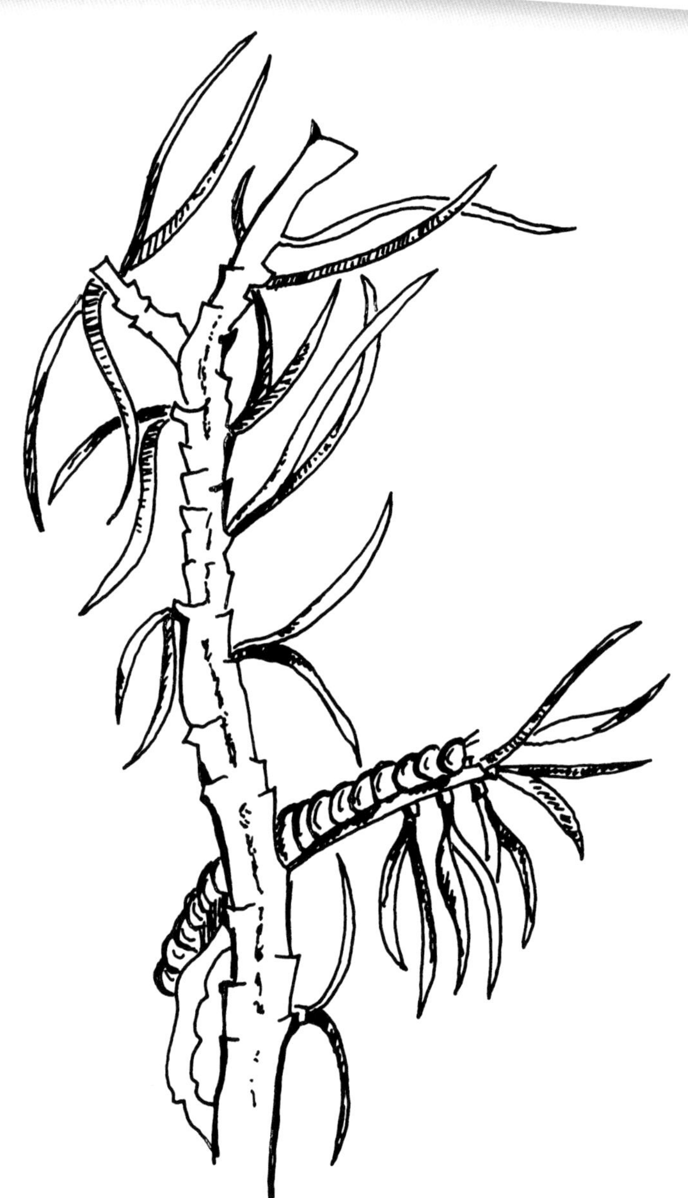

Mimese von Schmetterlingen

Altersstufe

Ab Klasse 3

Benötigtes Material

- verschiedene Sorten Papier, Zeitungen
- Schere
- Bleistift

So geht es

Man schneidet Schmetterlinge aus gemustertem und ungemustertem oder aus bedrucktem und unbedrucktem Papier aus. Anschließend legt man Tiere mit und ohne Muster bzw. Druck auf Unterlagen aus den beiden Papieren. Dieses Modell wirkt besonders anschaulich, wenn man mehrere Tiere auf einer großflächigen Unterlage versteckt und die Anzahl der versteckten Tiere raten lässt.

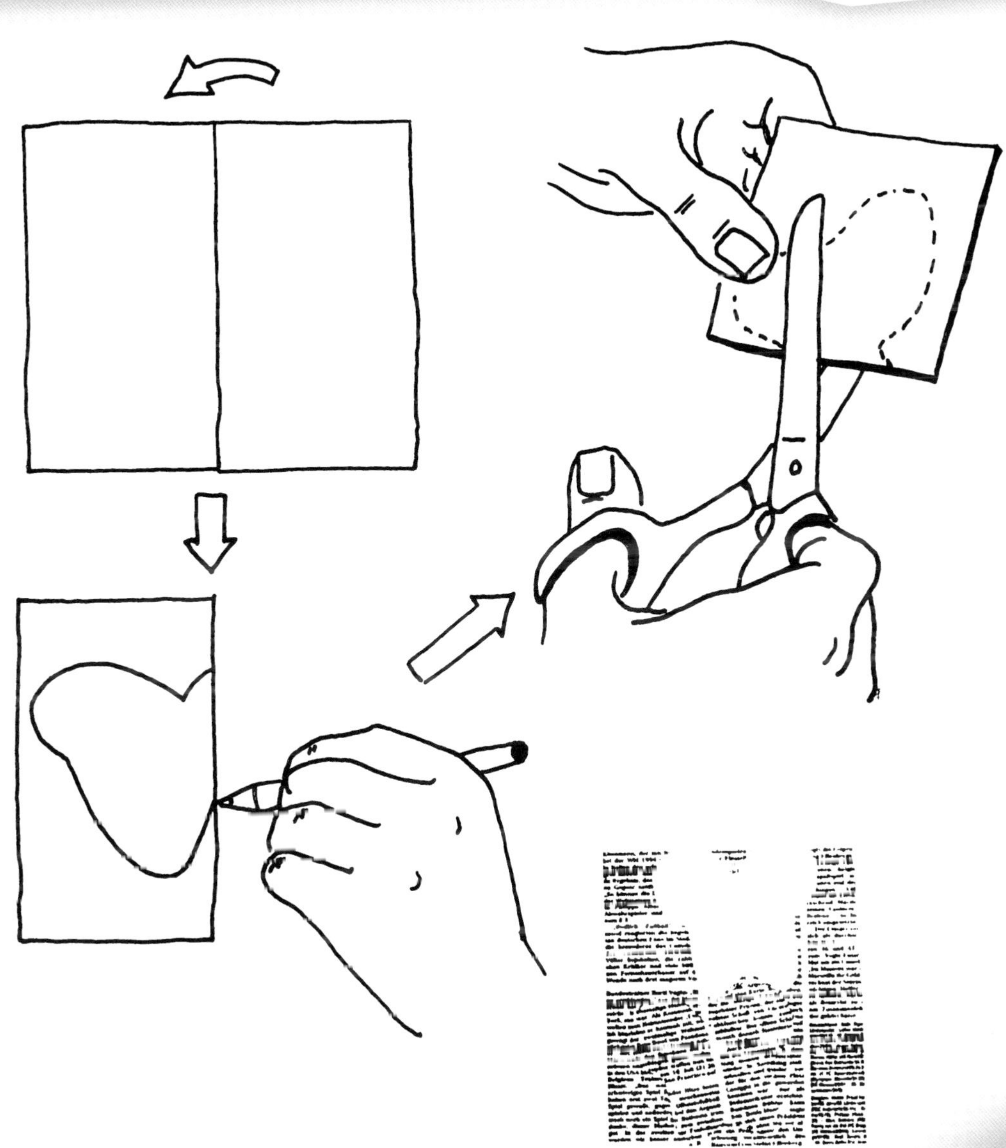

Wie Panzer fliegen

Altersstufe

Ab Klasse 5

Benötigtes Material

- Kochtopf mit kleinerem Deckel
- Kochlöffel oder Holzspatel
- Holzleisten
- Holzbrettchen
- Gummibänder

So geht es

Die Weichteile eines Insekts sind in den starren Chitin-Panzer eines Außenskeletts eingezwängt. Insekten wie der Maikäfer besitzen eine Rückendecke und einen Bauchpanzer. Die Flügel werden indirekt durch das Auf und Ab der Rückendecke bewegt. Längs- und Quermuskeln im Panzer sorgen für die Formänderung des Panzers.

1. Ein Kochtopf mit kleinerem Deckel und zwei Kochlöffel oder Holzspatel, die mit einem Gummiband verbunden sind, reichen zur Darstellung der Flügelbewegungen aus.
2. Aus Holzleisten, einem Brettchen und Gummibändern kann man ein weiteres Modell basteln. Die Leisten für den Bauchpanzer werden auf der Unterlage befestigt, die Leiste für die Rückendecke wird durch Gummibänder mit dem Boden des Bauchpanzers beweglich verbunden.

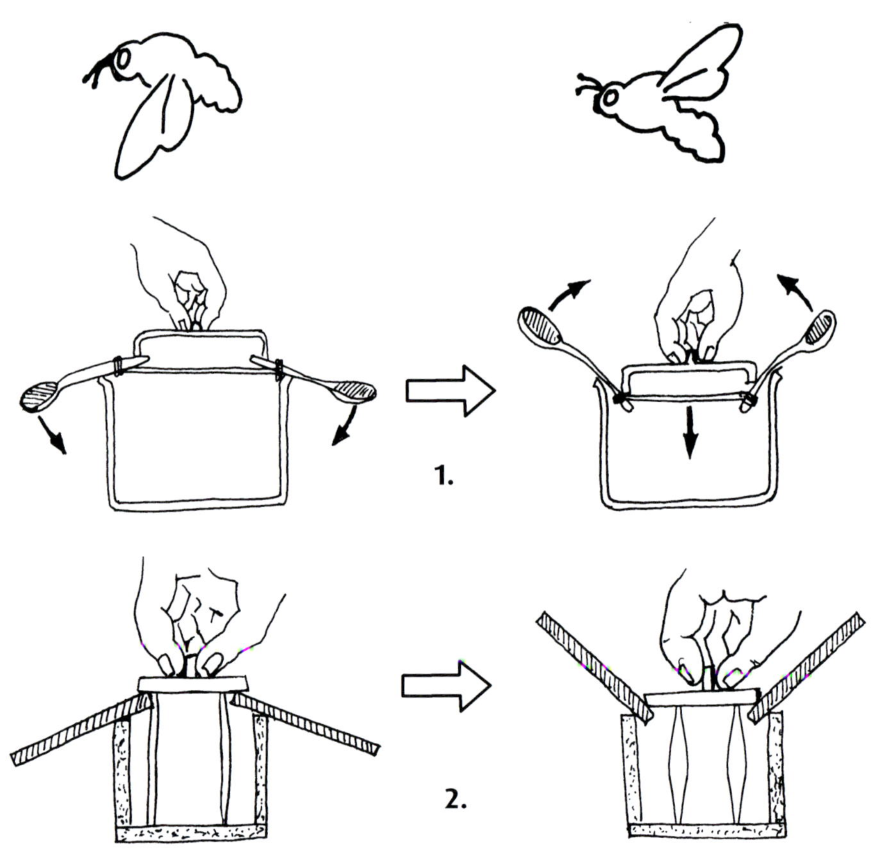

Flugmuskulatur von Insekten

Altersstufe

Ab Klasse 7

Benötigtes Material

- Stahlband
- Holzleisten
- Gummibänder
- Nägel oder Draht
- Kartonstreifen

So geht es

Für ein etwas aufwändigeres Modell benötigt man Stahlband (wie es zur Sicherung von Transportkisten verwandt wird), Holzleisten und Gummibänder.

Zwei Abschnitte Stahlband werden jeweils an beiden Enden zu Ösen gebogen (s. Abb. 1) und dann mit einem Nagel oder einem Draht an den eingeschnittenen Holzleisten befestigt, die die Flügel darstellen (s. Abb. 2). Ein dritter Abschnitt Stahlband wird zu einem ovalen Ring geformt, der den Längsschnitt durch den Brustpanzer darstellt. Im Inneren des Rings werden über Kreuz zwei Gummibänder befestigt. Anschließend wird er – wie in der Abbildung gezeigt – eingesetzt und mit etwas dünnem Draht oben und unten befestigt. Durch Zusammendrücken und Heben wird die Wirkung der Quer- und Längsmuskeln nachgeahmt, dabei verändert sich im Modell die Länge der Gummibänder. Das Modell kann auch aus Kartonstreifen und Gummiringen hergestellt werden.

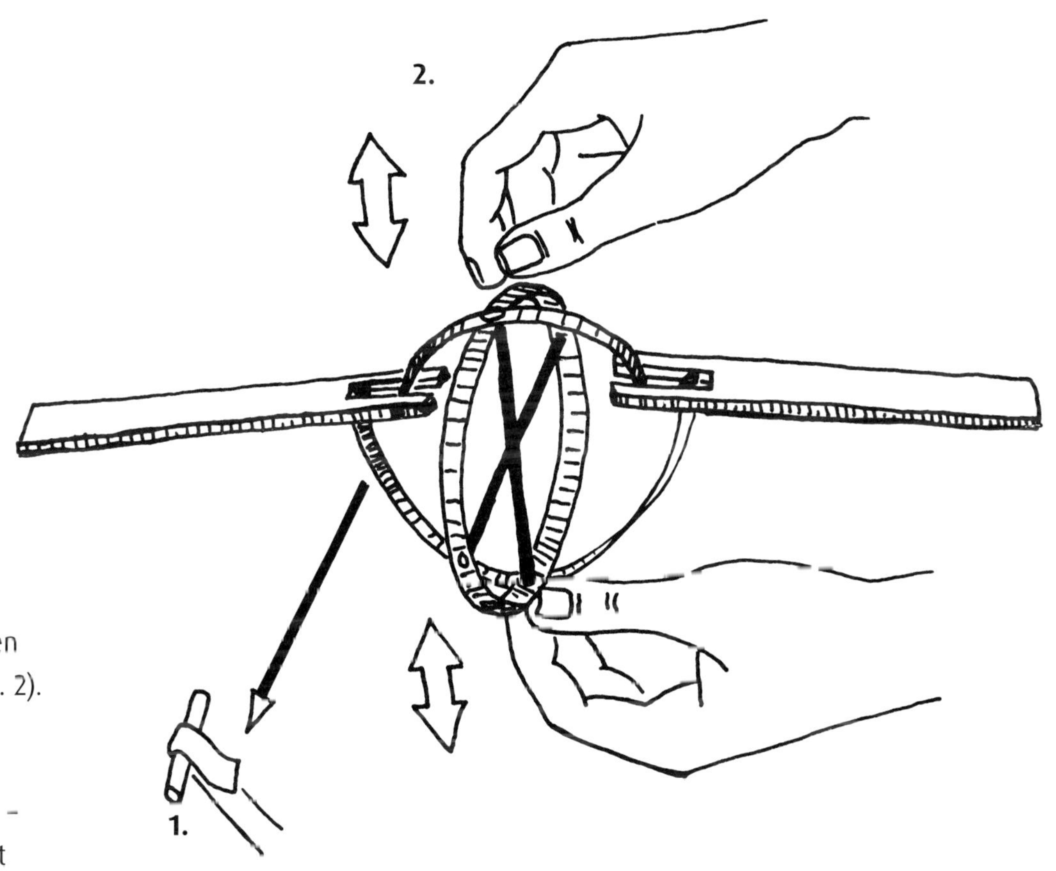

Bienensprache

Altersstufe

Ab Klasse 7

Benötigtes Material

- Pappe
- dicke Plastikfolie
- Schere
- Farbstifte
- Musterbeutelklammer

So geht es

Die Biene besitzt die Fähigkeit, den Sonnenstand auch bei bedecktem Himmel festzustellen. Sie kann darüber hinaus den Winkel zwischen Sonnenstand und Futterquelle bestimmen und diesen Winkel in einem so genannten Schwänzeltanz darstellen. Beim Schwänzeltanz in der Waagerechten, etwa auf dem Abflugbrett vor dem Bienenstock, gibt die Richtung der Schwänzelstrecke zugleich die Richtung zur Futterquelle an. Den in der Waagerechten ermittelten Winkel zwischen Sonnenstand und Futterquelle muss die Biene beim Tanz auf der Wabe im Bienenstock in die Senkrechte umsetzen. Als Bezugsrichtung für den Sonnenstand dient im dunklen Stock immer die Lotrechte. Mit dem Schwänzeltanz wird auf der Wabe der Winkel zur Futterquelle als Abweichung von der Lotrechten dargestellt.

Man benötigt also eine transparente Scheibe von etwa 10 cm Durchmesser mit einer darauf gezeichneten schwänzelnden Biene und einem Pfeil zur Anzeige der Futterquelle (s. Abb. 1). Weiterhin benötigt man eine gleich große Pappscheibe mit Gradeinteilung und einem Pfeil zur Anzeige des Sonnenstandes (s. Abb. 2). Beide werden mit einer Musterbeutelklammer verbunden. Beim waagerechten Tanz wird die Sonnenscheibe zur Sonne und die Futterscheibe zum Futter ausgerichtet (s. Abb. 3). Beim senkrechten Tanz auf der Wabe wird die Sonnenscheibe in die Lotrechte eingestellt. Die Futterscheibe gibt den Winkel zur Futterquelle als Abweichung links oder rechts von der Lotrechten an. Man kann aus Pappe auch eine größere Sonnen- und eine kleinere Futterscheibe schneiden.

Bienenstock

Altersstufe

Ab Klasse 5

Benötigtes Material

- Pappkarton oder Holz
- Styropor
- Holzleisten
- Bastelmesser
- Klebstoff

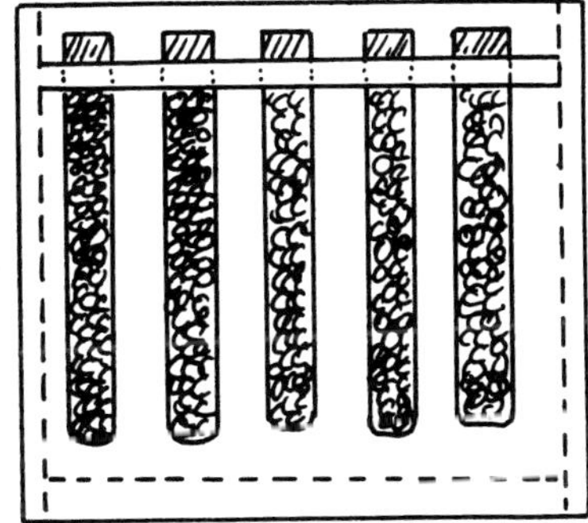

Lassen Sie einen Bienenstock aus Pappkarton oder Holz und Styroporplatten nachbauen. Die Bienenwaben schneidet man entsprechend der Abbildung aus Styropor aus und hängt sie an einer Leiste auf. Diese Leiste zum Aufhängen besteht entweder auch aus Styropor oder aus Holz. In dem Pappkarton werden auf zwei Seiten in gleicher Höhe Leisten zum Einhängen der Waben befestigt. Das Modell zeigt einen Kaltbau.

So geht es

Bienen werden zumeist in kastenförmigen Bienenstöcken gehalten. Beim Kaltbau stehen die Waben längs zum Einflugloch, beim Warmbau quer. Im Warmbau benötigen die Bienen weniger Energie zur Aufrechterhaltung der Stocktemperatur. Nicht immer haben SchülerInnen Gelegenheit, bei einem Imker einen Bienenstock zu besichtigen. Zeichnungen im Buch ersetzen jedoch nicht das „Be-greifen".

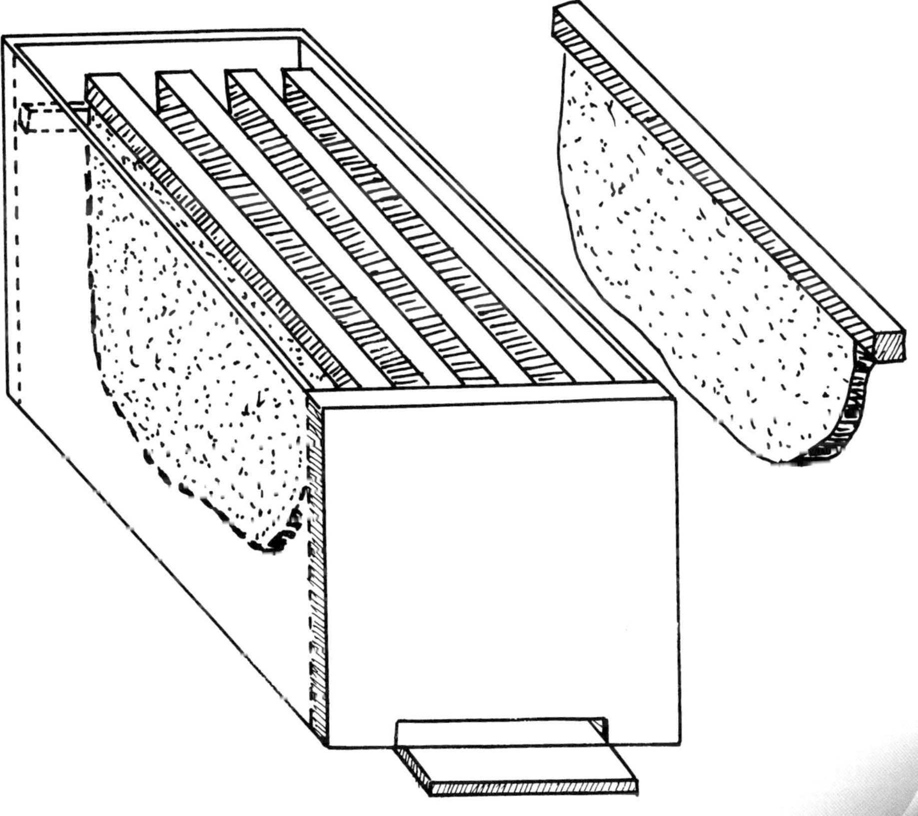

Flügelschuppen des Schmetterlings

Altersstufe

Ab Klasse 3

Benötigtes Material

- Bleistift
- Anspitzer
- Pappe
- Heftzwecken
- Klebstoff

So geht es

Schuppen finden sich im Tierreich in vielfältiger Form und aus verschiedenen Materialien. Schmetterlinge besitzen Schuppen aus Chitin, Fische solche aus Knochen und die der Reptilien sind aus Horn.

1. Aus den Abfällen beim Bleistiftspitzen kann man die Flügelschuppen des Schmetterlings als Collage auf Pappe darstellen.
2. Aus Pappe kann man die Schuppen anderer Tiere legen. Befestigt man diese mit Heftzwecken auf einer Unterlage, so kann man mit der Hand in beiden Richtungen darüber fahren und den unterschiedlichen Reibungswiderstand spüren.

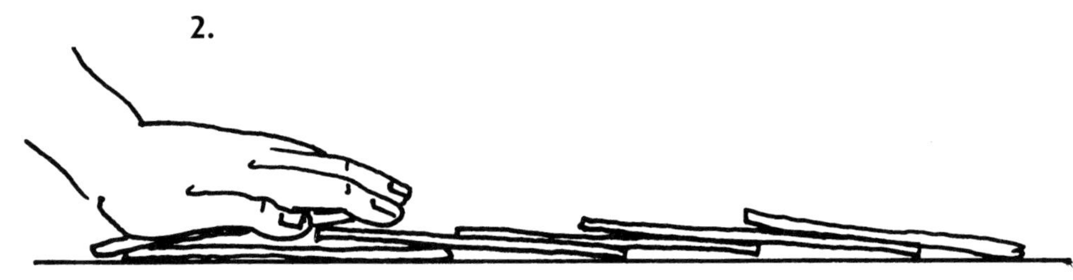

Fuß der Kreuzspinne

Altersstufe

Ab Klasse 5

Benötigtes Material

- Pappe
- Schere
- Musterbeutelklammer
- Klebstoff

So geht es

Insekten und insbesondere Spinnen erregen bei SchülerInnen oft Furcht, Ekel und Ablehnung. Das Basteln von Modellen oder Rupfbildern (s. Seite 54, „Rupfbilder von Insekten") kann solches Verhalten abbauen helfen. Das Modell des Endgliedes vom Fuß der Kreuzspinne beeindruckt auch durch die perfekte Anpassung an die Bewegung auf dem Spinnennetz.

Aus leichter Pappe werden Fußglied (s. Abb. 1), Fußklauen (s. Abb. 2), Vorklaue (s. Abb. 3) und Hilfsborsten (s. Abb. 4 und 5) ausgeschnitten. Fußklauen und Vorklaue werden mit einer Musterbeutelklammer beweglich an dem Fußglied befestigt. Die Hilfsborsten werden angeklebt oder angeheftet.

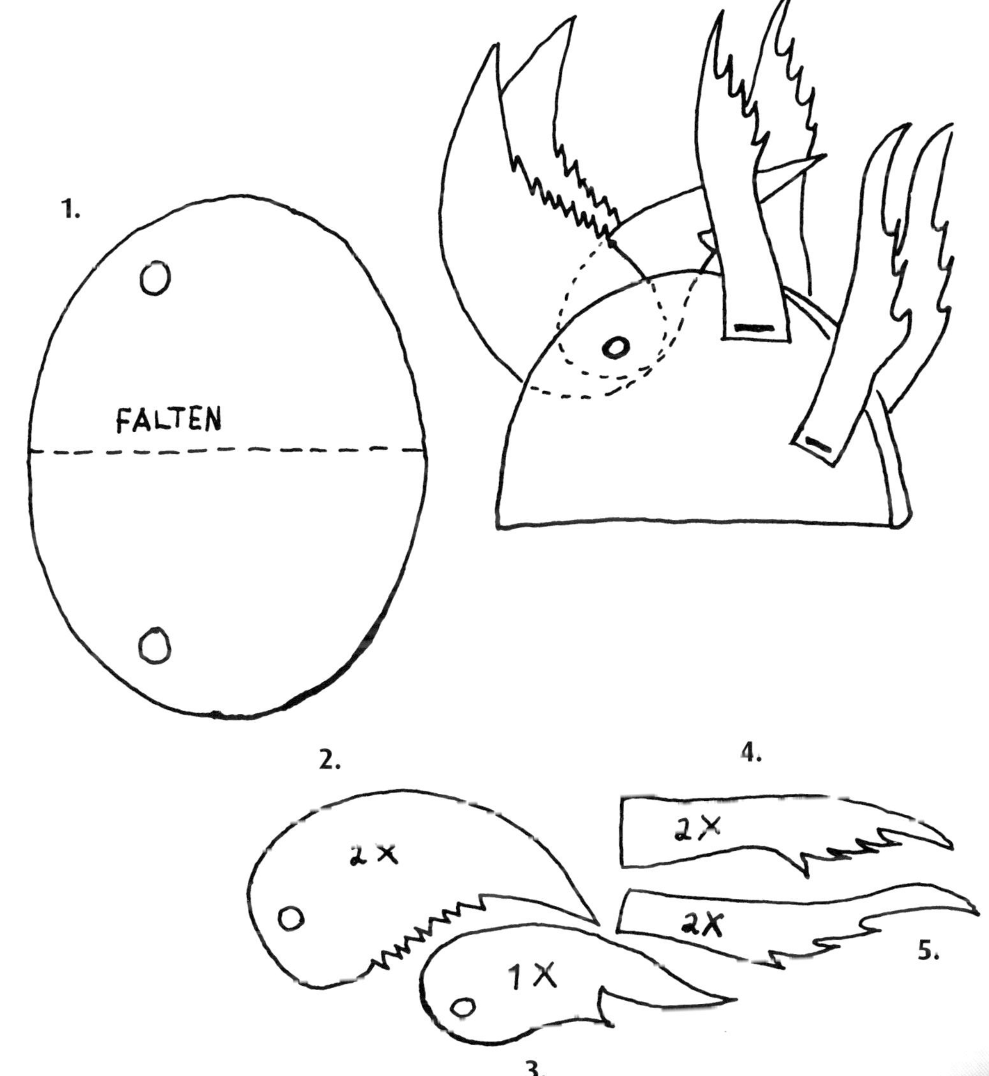

Rupfbilder von Insekten

Altersstufe

Ab Klasse 3

Benötigtes Material

- Papier
- Bleistift
- Klebstoff

So geht es

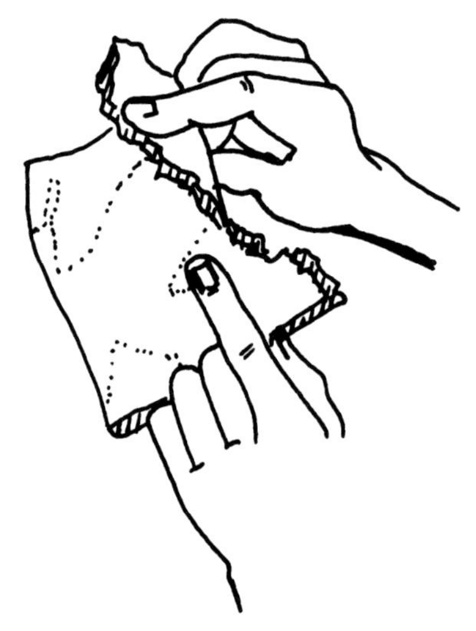

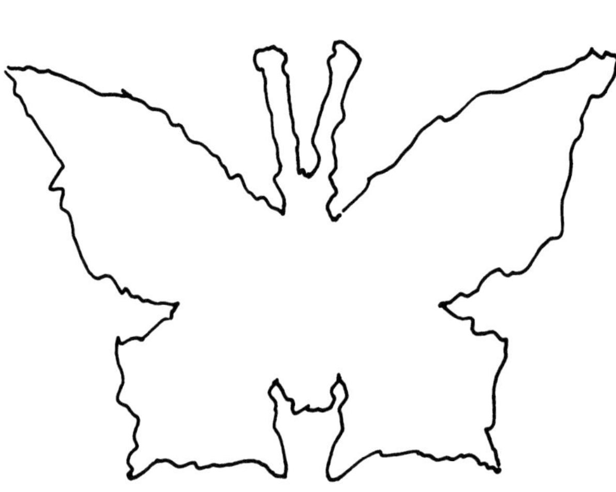

Rupfbilder von Spinnen und anderen Gliedertieren bauen vielleicht Ablehnung ab und regen zum genaueren Beobachten des Originals oder von Abbildungen an. Vielleicht können Collagen auch zu einem interessanten Einstieg in das Thema Schutztracht (s. Seite 46, „Spaß mit Schutztracht" und Seite 47, „Mimese von Schmetterlingen") werden.

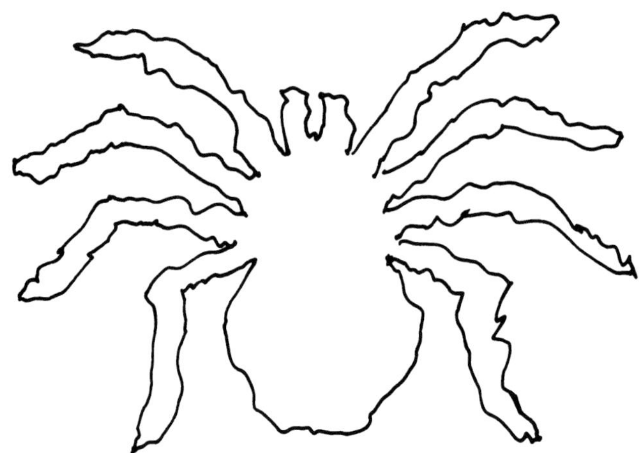

Gliedertiere

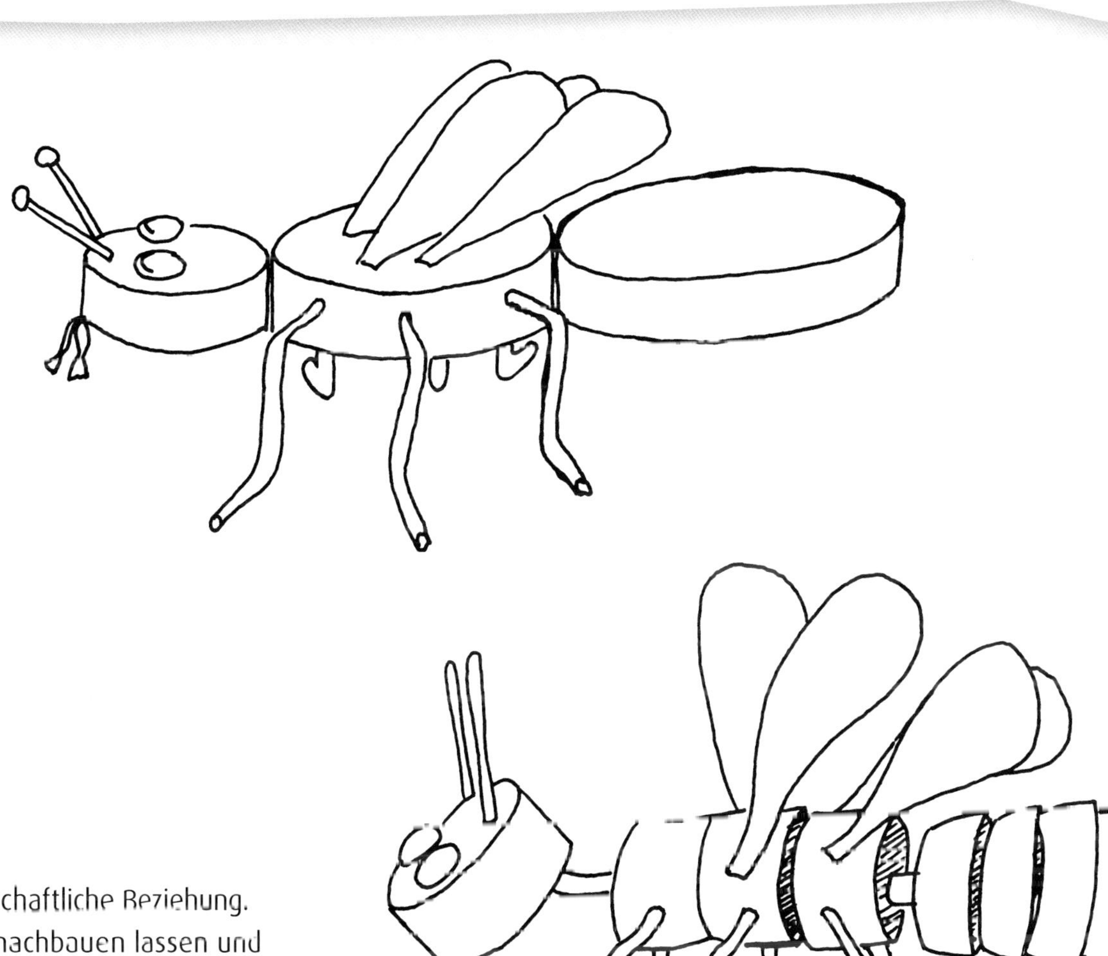

Altersstufe

Ab Klasse 3

Benötigtes Material

- Pappe
- Papier
- runde Pappschachteln
- Pappröhren
- Korken
- Draht
- Pfeifenreiniger
- Farbstifte
- Schere
- Klebstoff

So geht es

Zu Insekten haben Kinder nicht immer eine freundschaftliche Beziehung. Aus verschiedenen Materialien kann man ein Insekt nachbauen lassen und das Modell je nach Lust und Laune weiter differenzieren. So könnte man z.B. aus runden Pappschachteln oder Korkabschnitten den Körper nachbauen, Draht und Pfeifenreiniger werden zu Beinen und Fühlern, Flügel aus Papier werden aufgeklebt und Augen aufgemalt. Aus Toilettenpapierrollen oder Korken könnte man einen Regenwurm basteln.

Einfaches Muschelmodell

Altersstufe

Ab Klasse 4

Benötigtes Material

- altes Buch
- Gummiband
- Heft
- Schaumstoff

So geht es

Muscheln haben keinen Kopf. Man kann den Bau des Muschelkörpers mit einem Buch vergleichen. Die Einbanddeckel entsprechen den beiden Schalen und das Vorsatzpapier dem Mantel. Der Buchrücken wäre dann das Schloss. Die beiden ersten und letzten Innenblätter stellen die Kiemen dar und die restlichen Innenseiten Rumpf und Fuß.

1. Aus einem alten Buch lässt sich leicht dieses Modell herstellen. Man kann die Innenseiten auch mit einem Gummiband zusammenhalten anstatt sie zusammenzukleben.

2. Für dieses Modell kann man ein Heft oder ein Buch verwenden, aus dem man die Innenseiten entfernt hat. Rumpf und Fuß bestehen aus einem Stück Schaumstoff oder Styropor.

Muschelmodell aus Pappe

Altersstufe

Ab Klasse 5

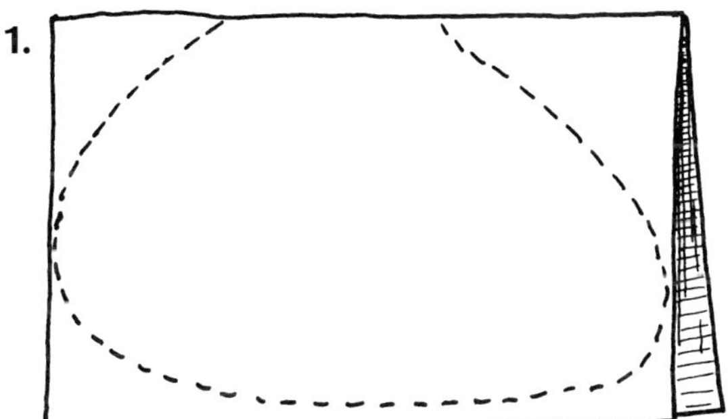

Benötigtes Material

- Pappe in verschiedenen Farben
- Schere
- Klebstoff

So geht es

Zum Bau des Modells verwendet man am besten Pappe in verschiedenen Farben und Stärken. Zunächst schneidet man die Schale aus (s. Abb. 1). Danach wird der Mantel in derselben Form, nur etwas kleiner, ausgeschnitten und in die Schale geklebt. Als Nächstes wird das Kiemenpaar ausgeschnitten (s. Abb. 2). Zum Schluss schneidet man den Rumpf mit Fuß (s. Abb. 3) aus, auf den man noch Magen, Darmkanal und andere Organe aufmalen kann. Anschließend klebt man das Modell zusammen (s. Abb. 4).

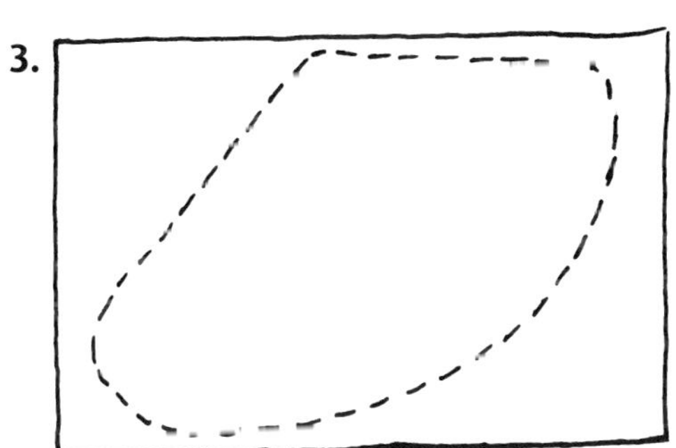

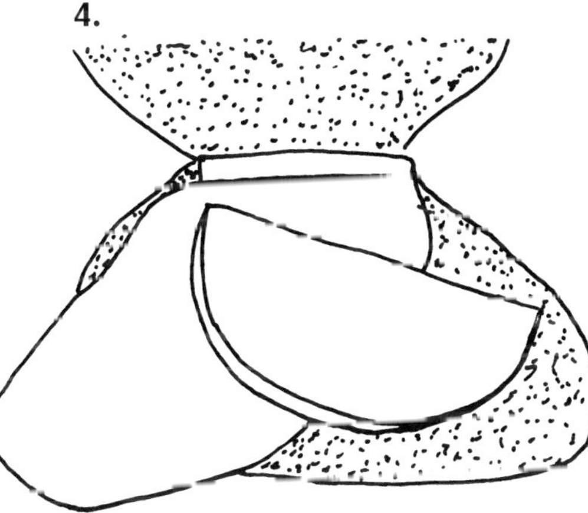

Bewegung von Tintenfischen

Altersstufe

Ab Klasse 5

Benötigtes Material

- Luftballons
- Holzbrettchen
- Klebeband
- Wäscheklammer

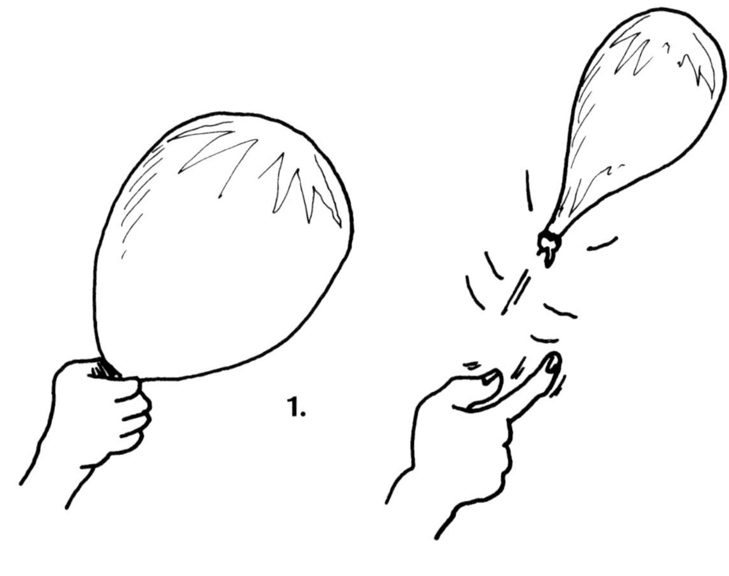

So geht es

Tintenfische bewegen sich vorwärts sowohl durch Bewegungen des Flossensaumes als auch durch Rückstoß. Durch Rückstoß bewegen sich auch die Larven von Libellen und Quallen.

1. Im Freihandversuch kann man mit einem Luftballon das Prinzip der Bewegung durch Rückstoß demonstrieren.
2. Etwas aufwändiger ist das Modell, bei dem ein Luftballon aufgeblasen, mit einer Wäscheklammer verschlossen und mit Klebe- oder Gummiband auf einem Holzbrettchen oder einem ähnlichen Bootsersatz befestigt wird. Man setzt das Boot dann aufs Wasser und nimmt die Wäscheklammer ab.

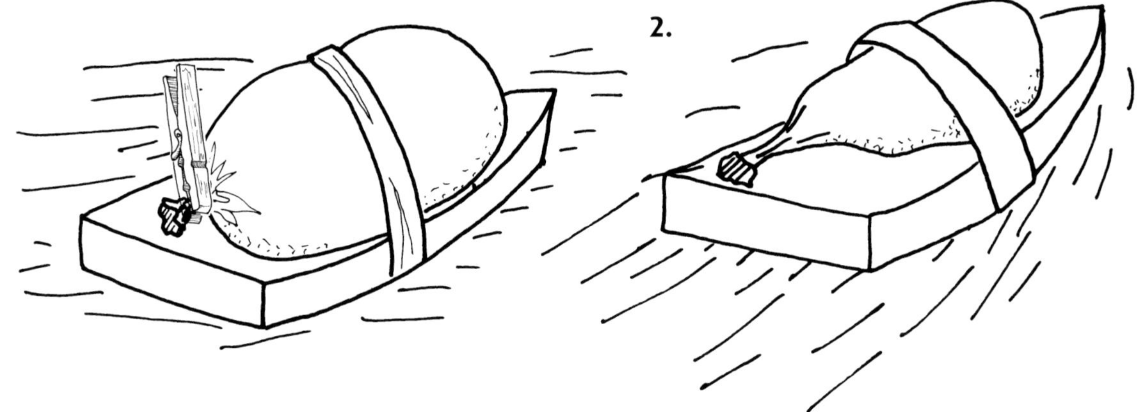

Saugnäpfe von Tintenfischen

Altersstufe

Ab Klasse 5

Benötigtes Material

- Sauggylocke

So geht es

An den Fangarmen besitzt der Tintenfisch Saugnäpfe, mit denen er seine Beute festhalten kann. Auch Fliegen können sich mit ihren Saugnäpfen auf Glas oder anderen glatten Flächen bewegen.

Das Prinzip kann man mit einer Saugglocke zur Reinigung verstopfter Abflüsse vorführen. Die Haftfähigkeit von Saugnäpfen lässt sich auch mittels käuflicher Wandhaken für glatte Oberflächen zeigen. Montieren Sie diese an den Beinen eines Insektenmodells (s. Seite 55, „Gliedertiere").

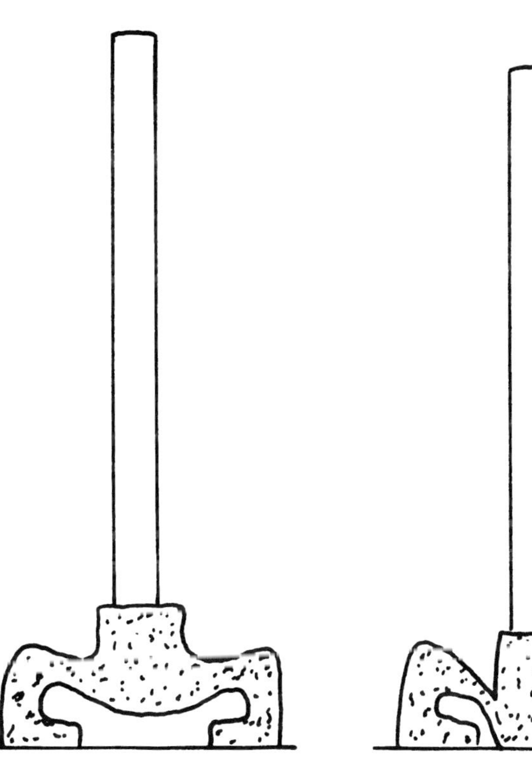

Fischflossen

Altersstufe

Ab Klasse 5

Benötigtes Material

- Pappe
- Fotokarton
- Schere
- Bleistifte
- Bastelmesser

So geht es

Die Flossen eines Fisches haben unterschiedliche Aufgaben. Die paarigen Brust- und Bauchflossen dienen dem Steuern und Bremsen sowie der langsamen Bewegung. Die unpaaren Rücken- und Afterflossen sorgen für stabile Lage. Die Schwanzflosse sorgt zusammen mit dem muskulösen, stromlinienförmigen Körper für den Antrieb.

Auf kräftige Pappe zeichnet man den Rumpf des Fisches und schneidet diesen aus. Aus Fotokarton werden die Flossen jeweils paarig ausgeschnitten. Die Ausschnitte der unpaaren Flossen werden zusammengeklebt und mit der gefalzten Basis beiderseits des Körpers befestigt. Die paarigen Flossen werden einzeln jeweils auf einer Seite des Körpers festgeklebt.

Steuerung durch Flossen

Altersstufe

Ab Klasse 5

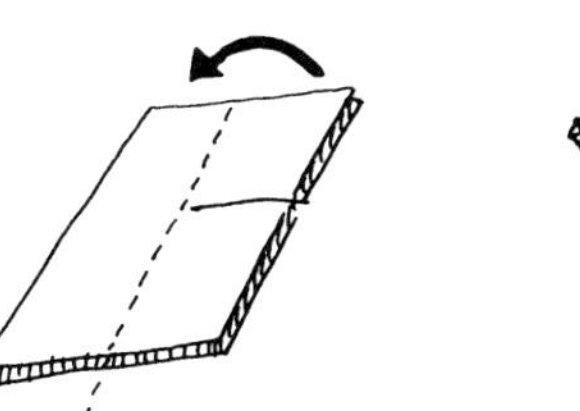

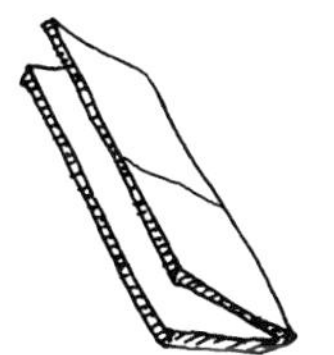

Benötigtes Material

- Pappe oder Styropor (10 mm)
- Fotokarton
- Draht
- Schere
- Bastelmesser

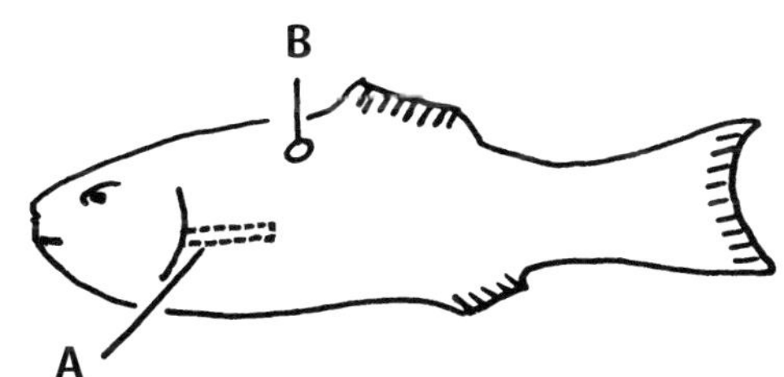

So geht es

Die paarigen Brust- und Bauchflossen der Fische dienen dem Steuern und Bremsen sowie der langsamen Bewegung. Die Höhen- und Tiefensteuerung durch die Brustflosse ist mit einem Modell darstellbar.

Der Körper des Fisches besteht aus kräftiger Pappe oder aus Styropor. Die Brustflosse besteht aus einem Stück leichtem Fotokarton, das bis zur Mitte eingeschnitten und anschließend gefaltet wird. Diese wird durch den Spalt A im Körper des Fisches geschoben. Anschließend wird die eingeschnittene Hälfte beiderseits des Körpers nach hinten und entsprechend der Flossenstellung nach oben oder unten gebogen. Die vordere Hälfte des Kartons bleibt immer waagerecht. So entstehen zwei Flossen, die beiderseits des Fischkörpers beweglich sind. In den Drehpunkt B des so montierten Körpers bohrt man ein Loch. Hindurch steckt man einen glatten, wenig Reibung verursachenden Draht. Bläst man nun von vorn, so bewegt sich der Fisch je nach Stellung der Flossen auf- oder abwärts.

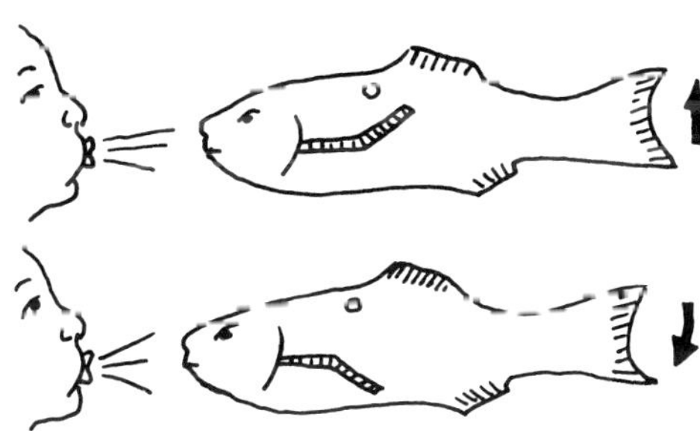

Einfaches Flossenmodell

Altersstufe

Ab Klasse 5

Benötigtes Material

- Stöckchen
- Plastik oder Blech
- Gummibänder
- Bastelmesser

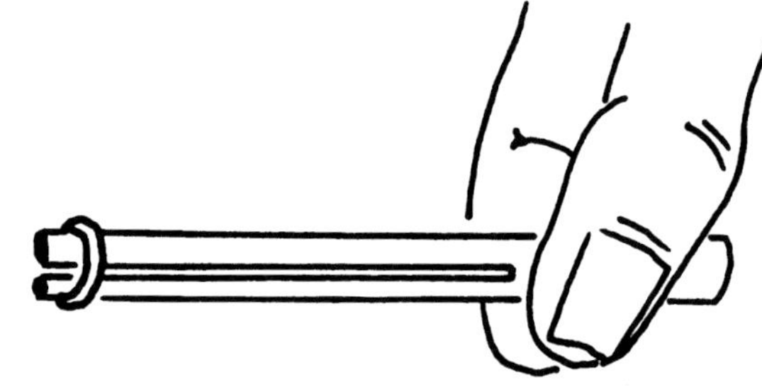

So geht es

Die unpaaren Rücken- und Afterflossen verhindern das Umkippen zur Seite. Die paarigen Brust- und Bauchflossen halten den Fisch waagerecht im Wasser. Durch seitliches Hin- und Herbewegen von Schwanz und Schwanzflosse erfolgt eine schiebende Fortbewegung. Je nach Stellung der Flossen ist der Widerstand bei Bewegungen verschieden.
In ein gespaltenes Stöckchen klemmt man Rechtecke aus kräftigem Plastik oder Blech von alten Dosen und sichert diese in dem Stöckchen mit Gummiringen an dem gespaltenen Ende. Durch Bewegungen im Wasser kann man den Widerstand bei verschiedenen Bewegungsrichtungen ermitteln.

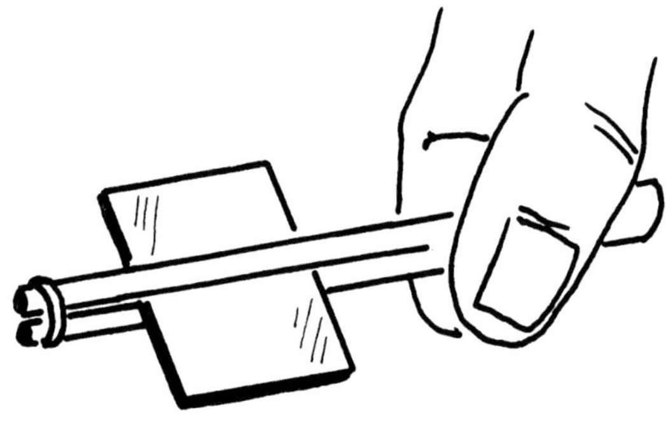

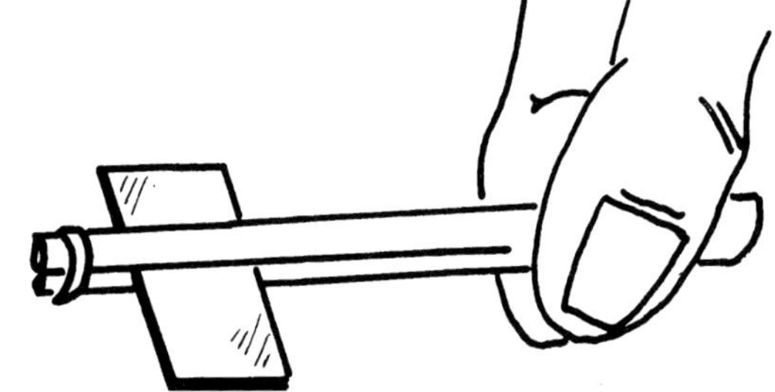

Schwimmblase

Altersstufe

Ab Klasse 5

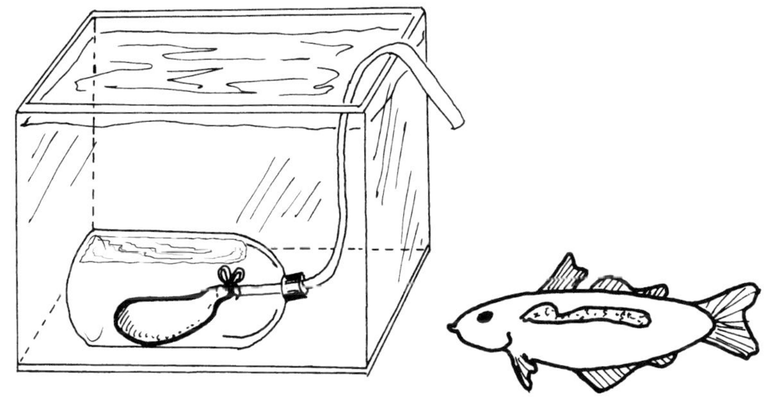

Benötigtes Material

- Flasche oder Erlenmeyerkolben
- Luftballon
- Plastikschlauch
- Eimer oder Glaswanne
- Gummiring

So geht es

Die Schwimmblase ist eine luftgefüllte Blase in der Bauchhöhle des Fisches. Durch Veränderung der Füllung kann der Fisch auch ohne Schwimmbewegungen in verschiedene Wassertiefen gelangen. Auch ein Schweben in unterschiedlichen Wassertiefen ist so möglich.

Man legt eine dünnwandige, wassergefüllte Flasche (oder einen Erlenmeyerkolben) flach ins Wasser. An einen Plastikschlauch wird mit einem Gummiring luftdicht ein Luftballon angeschlossen und in die Flasche eingeführt. Durch Zu- und Abfuhr von Luft lässt sich die Dichte des Körpers und damit der Auftrieb verändern.

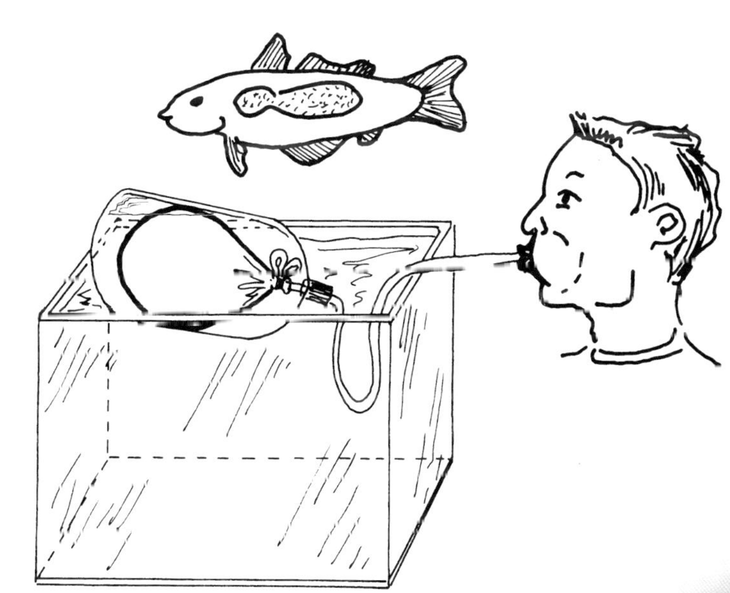

Kiemenatmung

Altersstufe

Ab Klasse 5

Benötigtes Material

- Pappe
- Styroporblock
- Holzbrett
- Papier
- Stecknadeln
- Schere
- Bastelmesser

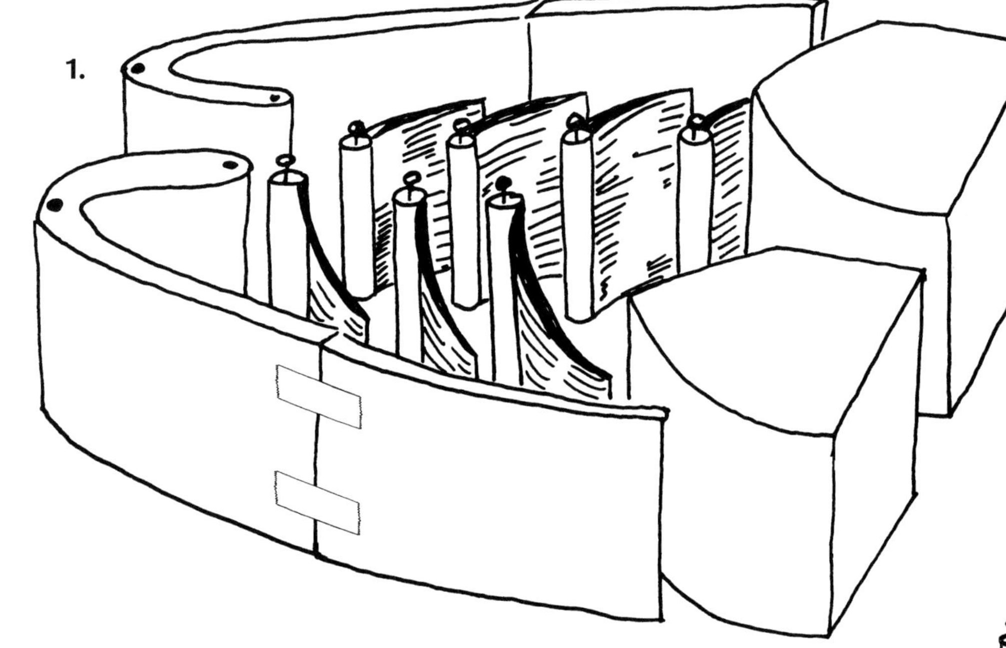

So geht es

Fische saugen Wasser in den Mund ein und drücken es bei geschlossenem Mund an den Kiemenblättchen und Kiemendeckeln vorbei wieder nach außen. Die Öffnung des Schlundes ist dabei geschlossen.

Aus Pappe und Styroporblöcken schneidet man die steifen Teile aus und befestigt sie auf einem Holzbrett (s. Abb. 1). Für die Kiemenblättchen werden Papierstreifen um Stecknadeln gewickelt (s. Abb. 2). Die Kiemendeckel sind beweglich mit Tesafilm befestigt. Wenn die Styroporblöcke drehbar angebracht werden, kann man auch den Verschluss des Schlundes zeigen.

2.

Kiemenblättchen

Altersstufe

Ab Klasse 5

Benötigtes Material

- Pappe
- roter und blauer Wollfaden
- Farbstifte
- Schere

So geht es

Die Kiemenblättchen der Fische sitzen in zwei Reihen auf den beiderseits vier Kiemenbögen. Infolge der dadurch erreichten großen Oberfläche wird der Gasaustausch gefördert.

Das Prinzip der Oberflächenvergrößerung kann man anhand verschiedener Modelle darstellen. Ein einfaches Modell besteht aus leichter Pappe, roten und blauen Wollfäden und einem Bleistift. Die Kiemenblättchen werden auf den Bleistift gesteckt und die Wollfäden durchgezogen. Vorbeigeblasene Luft ersetzt das Wasser. Zusätzlich kann man auf den Kiemenblättchen mit blauen und roten Stiften den Gasaustausch noch besser als nur mit Wollfäden andeuten.

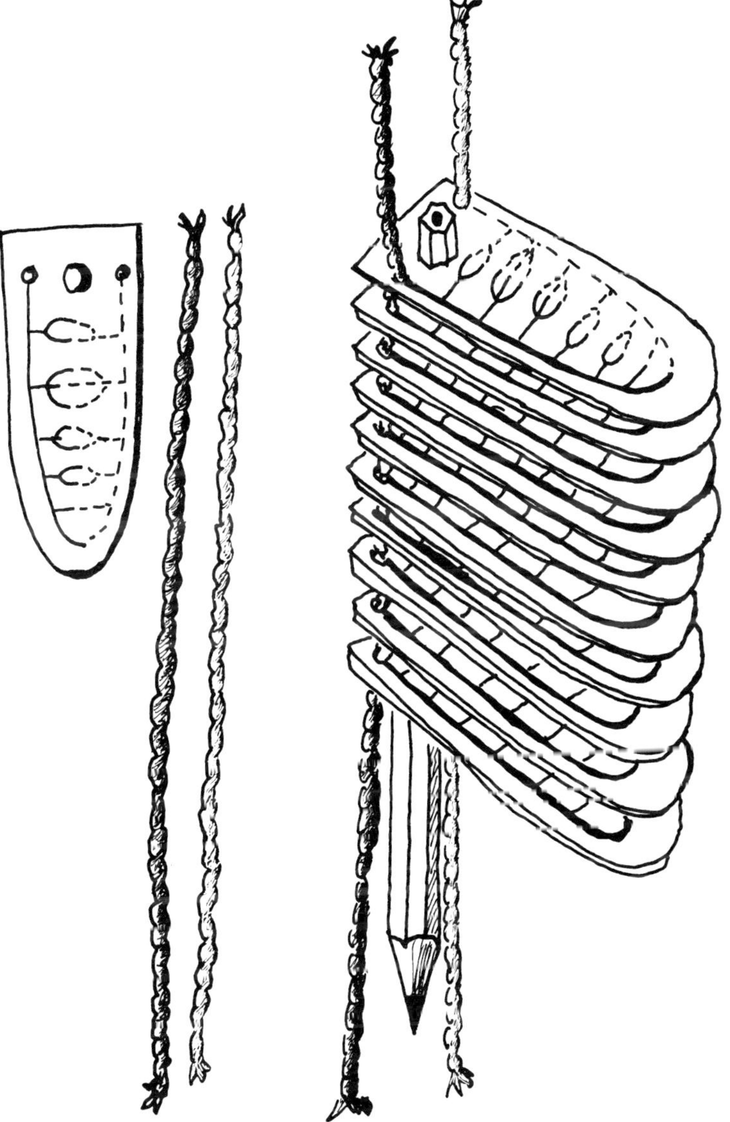

Gliedmaßen des Frosches

Altersstufe

Ab Klasse 5

Benötigtes Material

- Fotokarton
- Büroklammer
- Schere
- Klebstoff

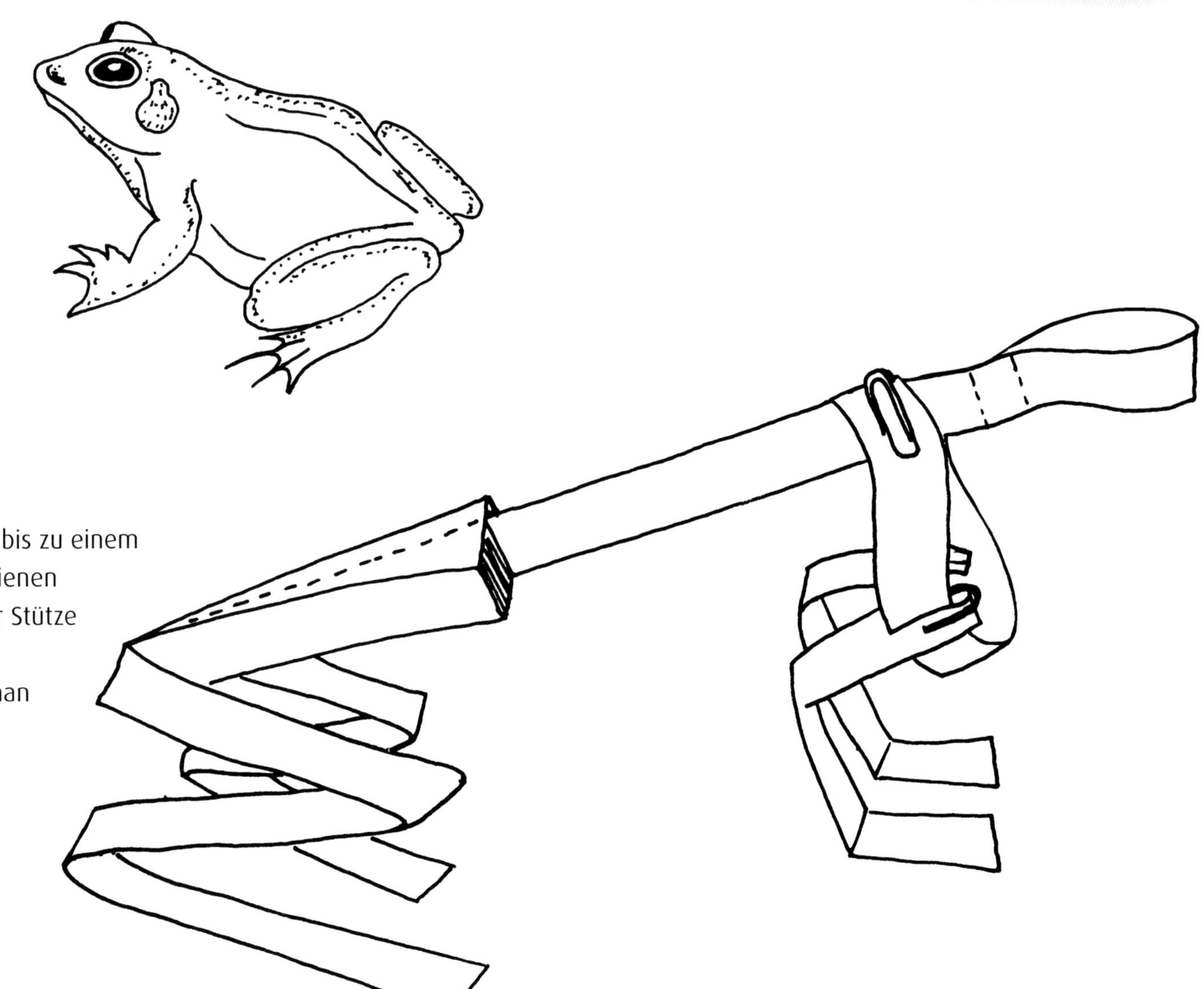

So geht es

Der Frosch hat kräftige Hinterbeine, die Sprünge bis zu einem Meter erlauben. Die Vorderbeine sind kurz. Sie dienen auf dem Land weniger der Fortbewegung als der Stütze des Körpers.
Aus 2 cm breiten Streifen von Fotokarton kann man die Grundzüge dieses Bauplans nachstellen, indem man die Kartonstreifen entsprechend der Abbildung knickt und zusammenklebt.
Mit solchen Streifen kann man eine ganze Tiermenagerie basteln lassen.

Klappzunge des Frosches

Altersstufe

Ab Klasse 5

- Pappe
- Gummi (z.B. Autoschlauch)
- Heftklammer
- Schere/Bastelmesser
- Farbstifte

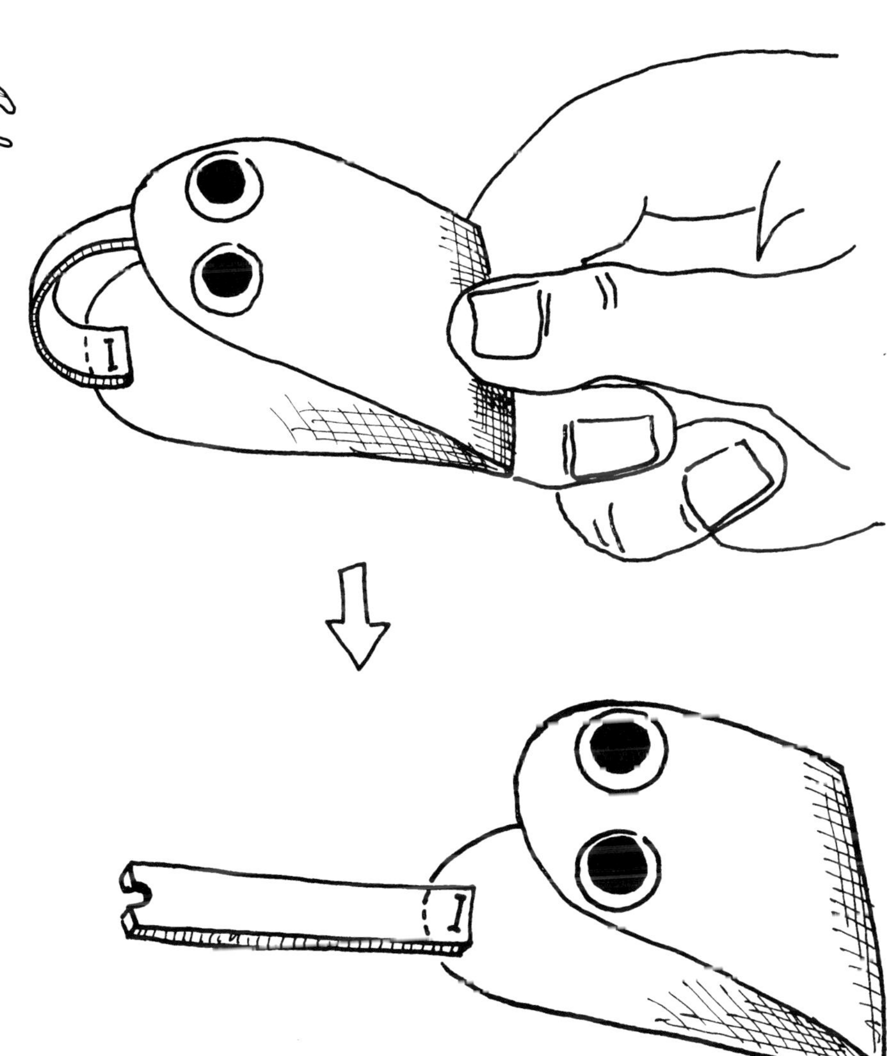

So geht es

Frösche klappen ihre Zunge aus dem Maul heraus. Sie ist ganz vorn am Boden der Mundhöhle angewachsen. Die Beute wird geschnappt und mit der eingerollten Zunge in das Maul befördert.

Aus gefalteter, kräftiger Pappe schneidet man den Umriss des Kopfes aus und malt die Augen auf. Die Zunge wird aus einem Stück Gummi (Autoschlauch) geschnitten und mit einer Heftklammer vorn befestigt, sie wird dann nach rückwärts gebogen in das Pappmaul gelegt. Beim Öffnen springt sie nach vorn – aber nur, wenn man einen kräftigen Gummistreifen benutzt hat.

Giftzahn der Schlange

Altersstufe

Ab Klasse 5

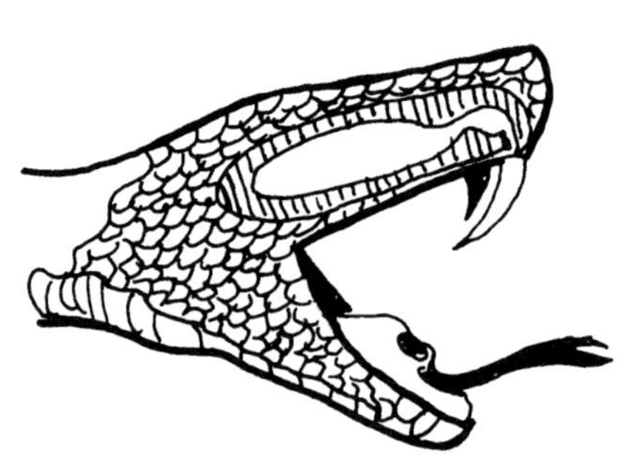

Benötigtes Material

- Pappe
- Schere/Bastelmesser
- Musterbeutelklammern

So geht es

Schlangen besitzen kein kompaktes Kopfskelett wie die höheren Wirbeltiere. Die Einzelknochen sind etwas gegeneinander beweglich. Anhand eines Modells kann man anschaulich das Zusammenwirken verschiedener Knochen beim Eindringen des Giftzahnes in eine Beute zeigen.

Aus kräftiger Pappe schneidet man die Teile des Kopfskeletts aus und verbindet diese mit Musterbeutelklammern. Die Löcher für die Gelenkverbindungen sollten nicht zu groß sein, weil die Teile dann wackeln. Zur Demonstration hält man den Unterkiefer fest und bewegt den Oberkiefer leicht nach vorn (s. Abb. 1). Der zunächst senkrecht stehende Giftzahn legt sich dabei mit der Spitze nach hinten um (s. Abb. 2).

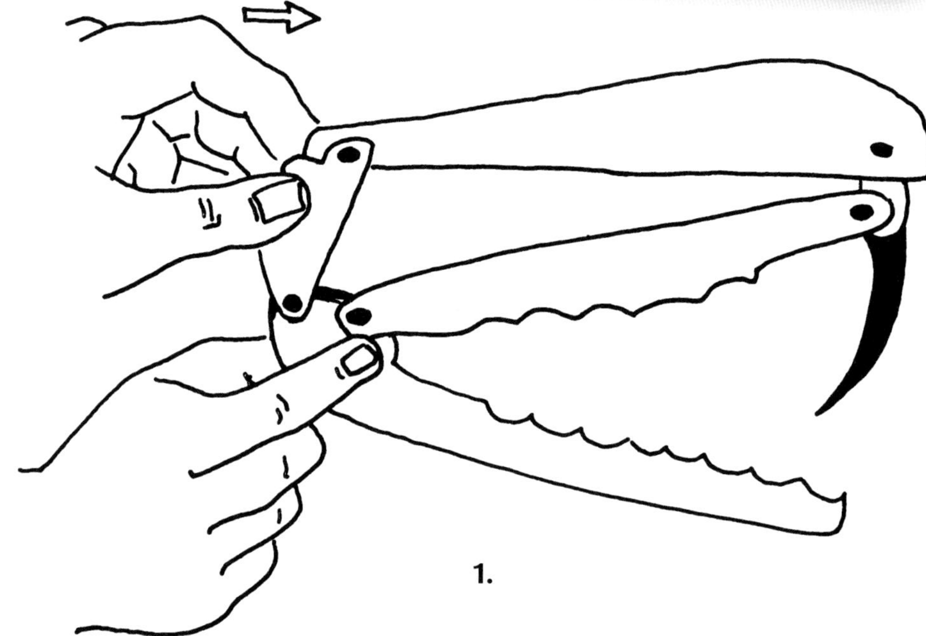

1.

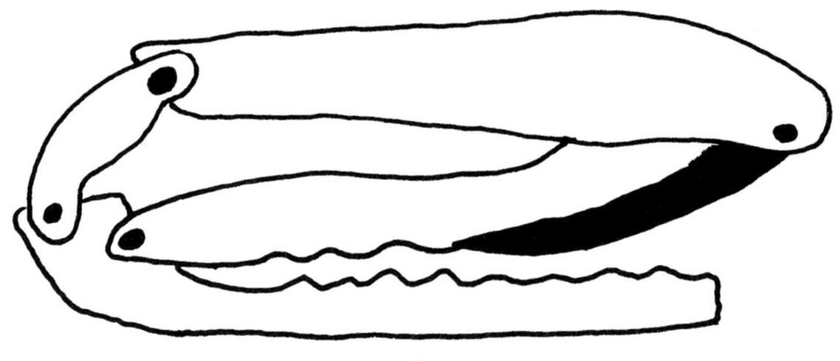

2.

Gliedmaßenstellung bei Landwirbeltieren

Altersstufe

Ab Klasse 5

Benötigtes Material

- Pappe, Papprolle
- Schere/Bastelmesser
- Stecknadeln

So geht es

Bei Säugern (s. Abb. 1) und Vögeln stehen die Gliedmaßen dicht am oder unter dem Rumpf. Sie unterstützen ihn und erlauben eine Haltung des Rumpfes hoch über dem Boden. Dies ist bei schnellem Lauf, etwa in Graslandschaften, wichtig. Bei Reptilien (s. Abb. 2) und besonders bei Amphibien (s. Abb. 3) können die Gliedmaßen seitlich weit ausgestellt sein, sodass der Rumpf eine Tieflage bekommt. Schlangen (s. Abb. 4) besitzen überhaupt keine Gliedmaßen, breite Bauchschuppen unterstützen die Fortbewegung.

Mit der Pappröhre von Toilettenpapierrollen (als Rumpf) und mit etwa 2 cm breiten Streifen aus Pappkarton kann man die Gliedmaßenstellung bei Landwirbeltieren anschaulich nachstellen. Das Ergebnis lässt sich mit Stecknadeln auf Pappkarton befestigen.

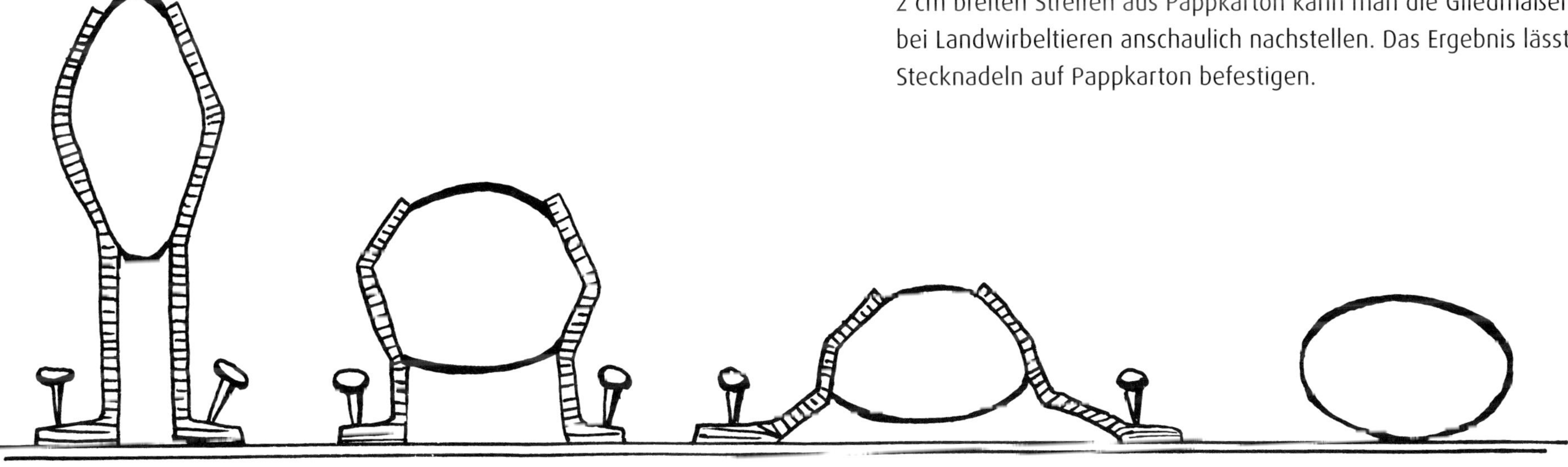

Eidechsen in Bewegung

Altersstufe

Ab Klasse 5

Benötigtes Material

- Wellpappe oder Pappe
- Draht oder Kordel
- Schere/Bastelmesser

So geht es

Eidechsen sind Kriechtiere, die sich mit dem Bauch dicht über dem Boden bewegen, da die Beine seitlich abstehen und diese den Körper nicht frei tragen können. Sie bewegen sich durch schlängelndes Kriechen. Hierbei werden rechtes Vorderbein und linkes Hinterbein gleichzeitig nach vorn bewegt. Linkes Vorderbein und rechtes Hinterbein folgen.

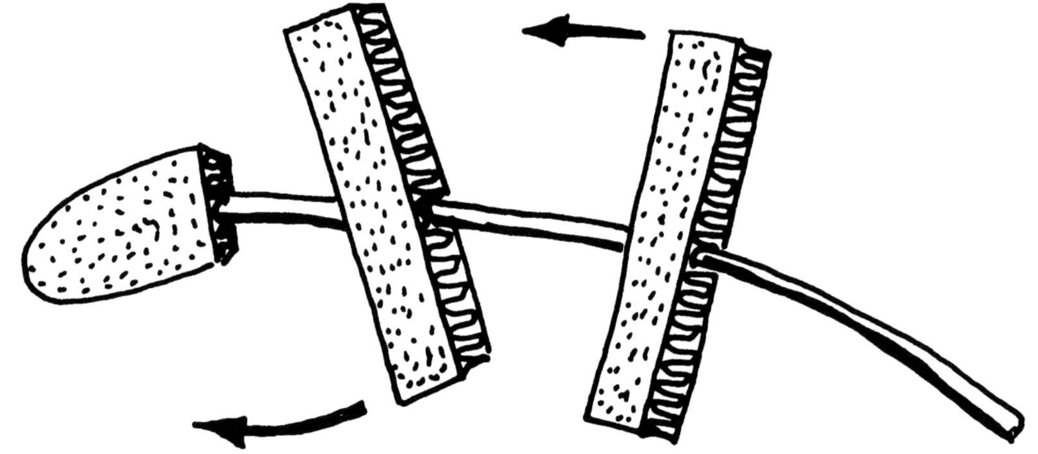

Aus steifer Wellpappe schneidet man für dieses Bewegungsmodell die Extremitäten und den Kopf aus. Durch diese Pappe steckt man biegsamen Kupfer- oder Aluminiumdraht. Man kann das Modell auch aus Pappe und Kordel herstellen. Lassen Sie verschiedene Bewegungsphasen hintereinander anordnen.

Papierstreifenmodell der Eidechse

Altersstufe

Ab Klasse 5

Benötigtes Material

- Fotokarton
- Büro- oder Heftklammern
- Stecknadeln
- Styropor oder Pappe

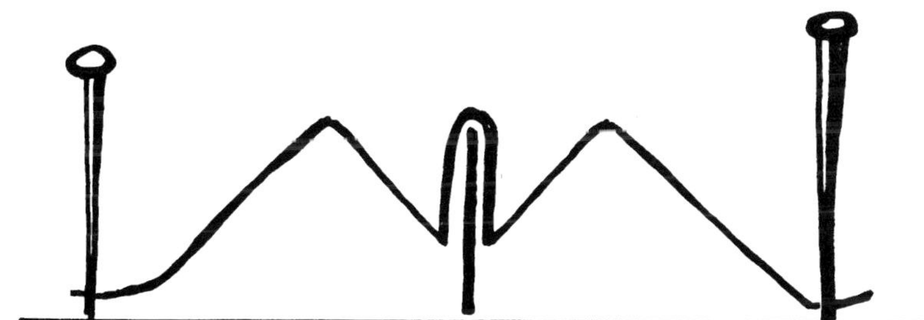

So geht es

Die Bewegungen der Eidechse kann man auch mit einem Modell aus Fotokarton nachstellen. Die Beine werden mit Büro- oder Heftklammern befestigt. Mit Stecknadeln kann man die Modelle auf Pappe oder Styropor fixieren. Anschaulicher wird das schlängelnde Kriechen durch das Hintereinanderstellen mehrerer Modelle in verschiedenen Bewegungsphasen.

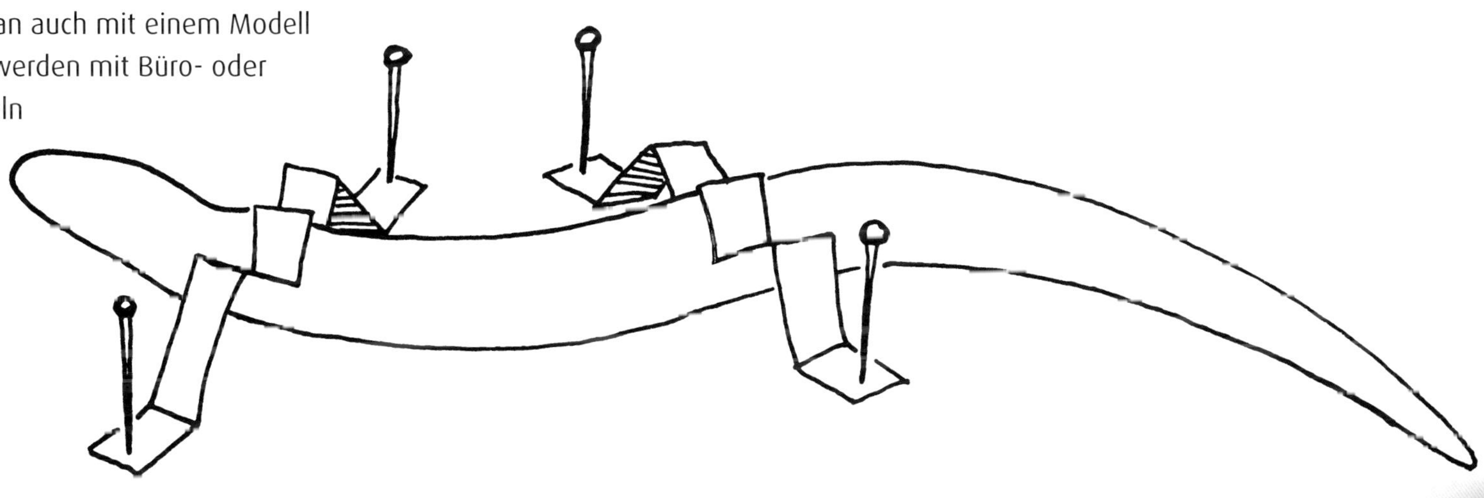

Streifenmodell eines Vogels

Altersstufe

Ab Klasse 5

Benötigtes Material

- Fotokarton
- Büro- oder Heftklammern
- Klebstoff

So geht es

Bei Vögeln haben sich die Vordergliedmaßen zu Flügeln umgebildet. Der Schwerpunkt des Körpers liegt über der durch die Hintergliedmaßen gebildeten Senkrechten des Körpers.

Mit einem Papierstreifenmodell aus 2 cm breiten Fotokartonstreifen kann man Studien zum Gleichgewicht beim Stehen leicht anstellen. Für solche einführenden Studien genügt es, die Wirbelsäule direkt mit dem Bein zu verbinden (s. Abb. 1). Auch Beobachtungen beim Tragen eines Balkens machen die Haltung des Gleichgewichts verständlich (s. Abb. 2).

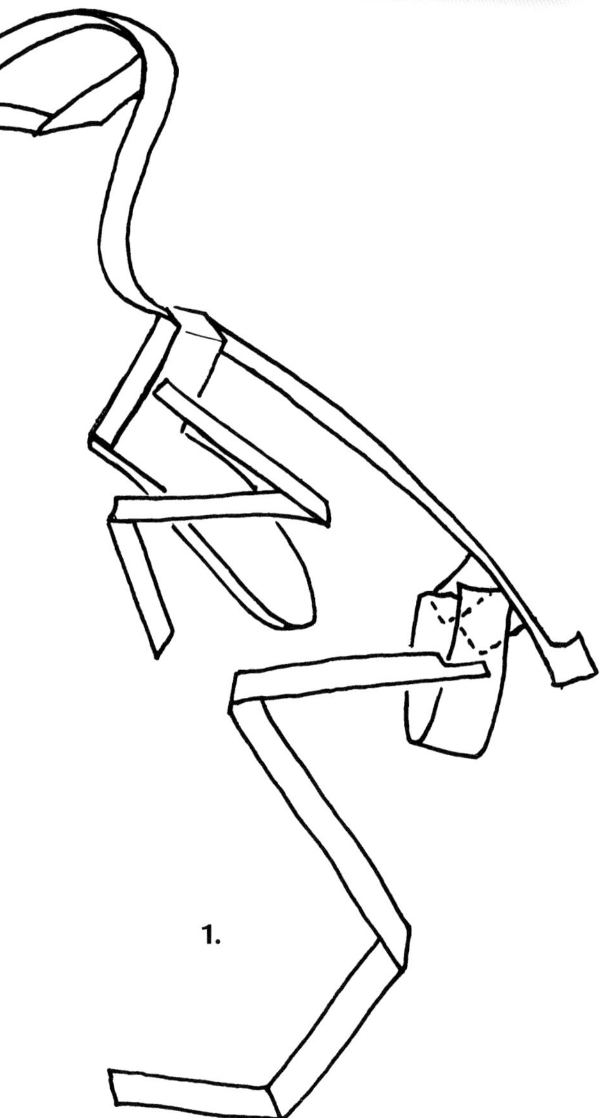

Vogelschnabel

Altersstufe

Ab Klasse 7

Benötigtes Material

- Pappe
- Musterbeutelklammern
- Schere/Bastelmesser

So geht es

Die Bewegungen des Vogelschnabels erfolgen im Wesentlichen durch das Zusammenwirken von Schädelkapsel (S), Unterschnabel (U), Oberschnabel (O), Quadratbein (Q) sowie zwei Knochenspangen – Jochbein (J) und Flügelgaumenbein (F) – die Oberschnabel und Quadratbein verbinden.

Auf der Unterlage (Pappe) wird die Schädelkapsel festgeklebt. Unterschnabel, Oberschnabel sowie der obere Teil des Quadratbeines werden mit einer Musterbeutelklammer auf der Unterlage beweglich befestigt. Die Knochenspangen (Jochbein und Flügelgaumenbein) sind an beiden Enden mit Quadratbein und Oberschnabel durch Musterbeutelklammern beweglich miteinander, aber nicht mit der Unterlage, verbunden. Bei Bewegung in Pfeilrichtung senkt sich der Unterschnabel, während sich der Oberschnabel hebt.

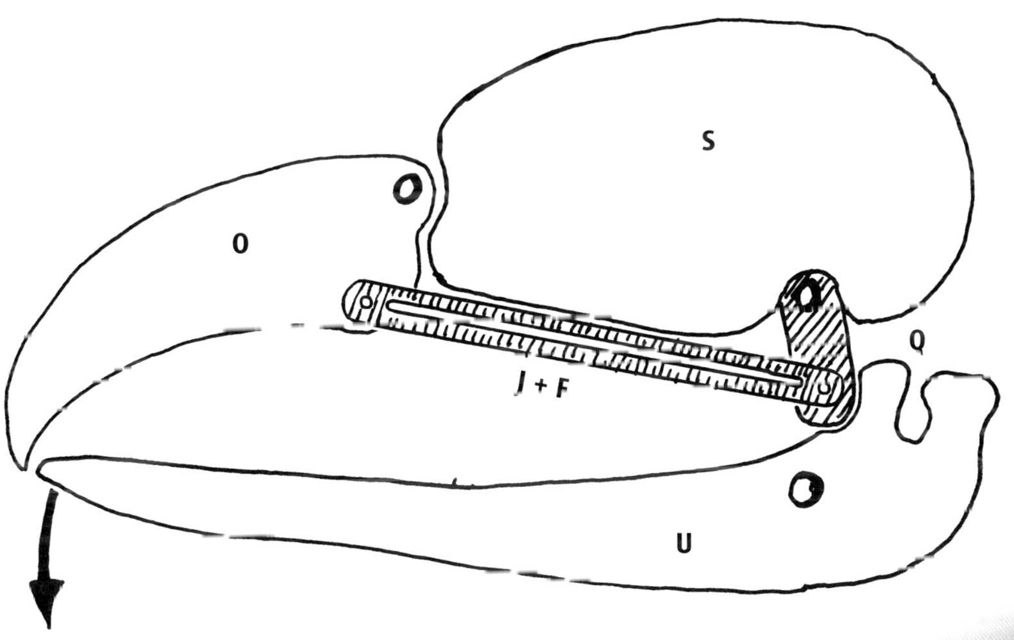

Vogelflug

Altersstufe

Ab Klasse 5

Benötigtes Material

- Papier
- Pappröhre
- Pappe
- Kordel
- Föhn
- Klebstoff

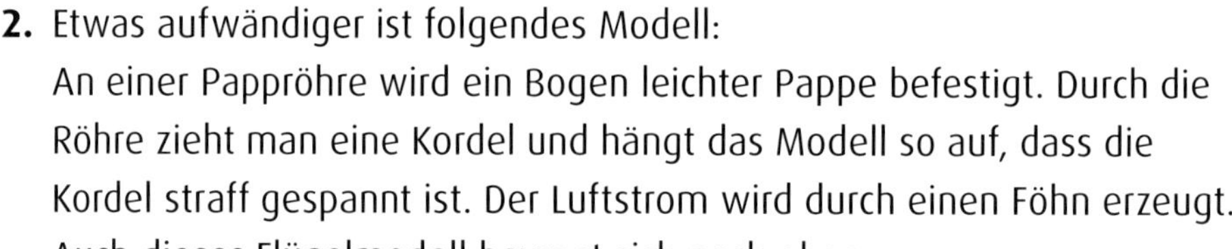

So geht es

Fliegen in der Luft ist möglich, weil die Schwerkraft durch den Auftrieb ausgeglichen wird. Flügel haben ein asymmetrisches Profil. Dadurch ist der Luftweg entlang der Oberseite länger, die Luft entwickelt dort eine höhere Geschwindigkeit, ein Unterdruck entsteht, während sich auf der Unterseite ein Überdruck ausbildet. Der Auftrieb ist also das Ergebnis von Sog und Druck.

1. Dies lässt sich einfach mit einem Bogen Papier im Freihandversuch nachahmen. Beim Pusten über die Oberseite hebt sich das Blatt.
2. Etwas aufwändiger ist folgendes Modell:
   An einer Pappröhre wird ein Bogen leichter Pappe befestigt. Durch die Röhre zieht man eine Kordel und hängt das Modell so auf, dass die Kordel straff gespannt ist. Der Luftstrom wird durch einen Föhn erzeugt. Auch dieses Flügelmodell bewegt sich nach oben.

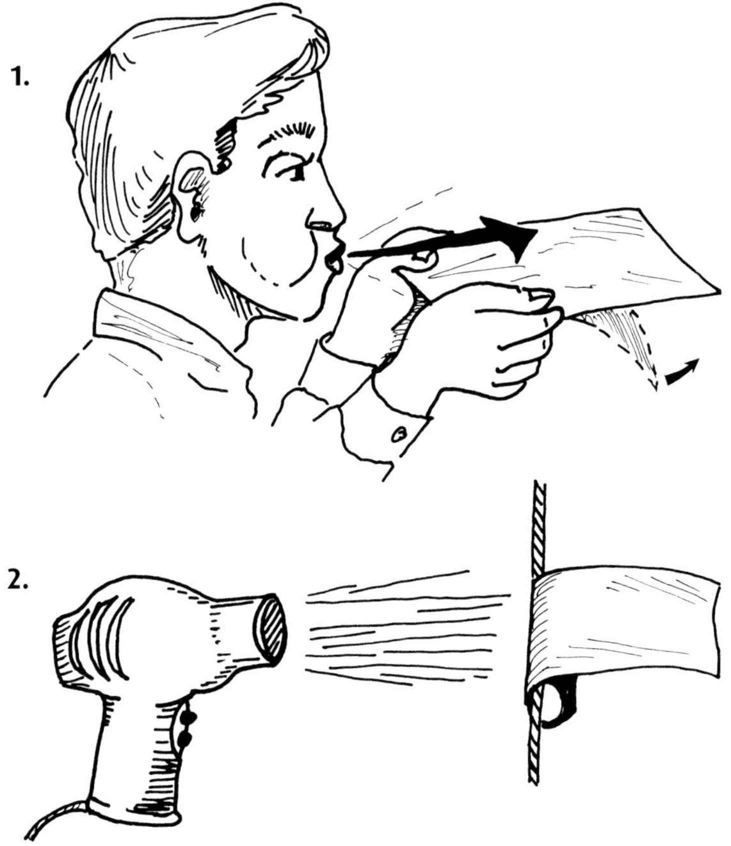

Gleitflug

Altersstufe

Ab Klasse 5

Benötigtes Material

- Papier

So geht es

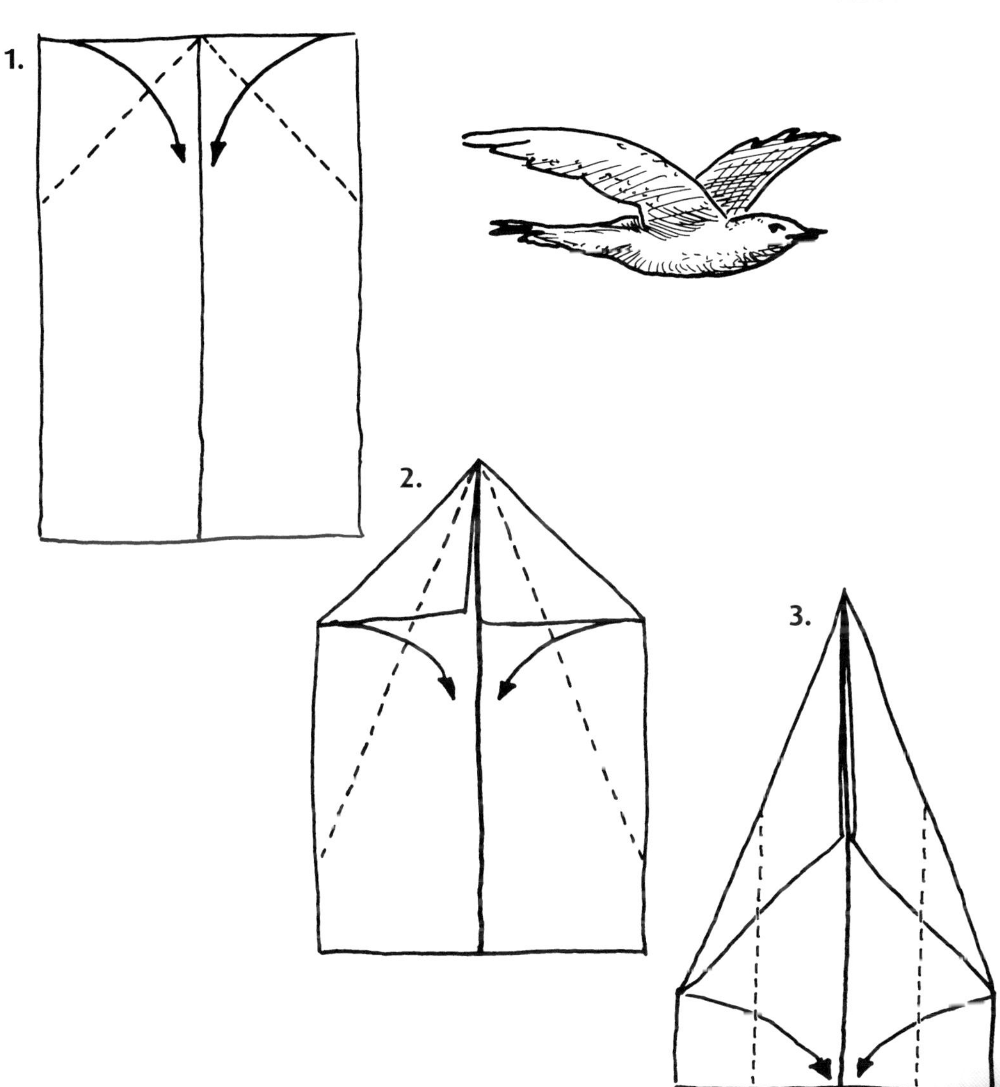

Beim Gleitflug wirkt im Gegensatz zu Ruderflug und Segelflug nur der durch das Flügelprofil entstandene Auftrieb. Fehlen Aufwinde, so verliert ein Gleitflieger bei Windstille schnell an Höhe, da die Schwerkraft größer als der Auftrieb ist.

Aus Papier kann man verschiedene Gleitfliegermodelle herstellen. Ein ganz einfaches Modell ist schnell gebaut. Das Papier wird einmal nach innen (s. Abb. 1) und dann noch einmal nach innen zur Mittellinie hin gefaltet (s. Abb. 2). Anschließend werden im dritten Schritt die Flügel in der Mitte und zwar parallel zur Mittellinie ebenfalls nach innen gefaltet (s. Abb. 3). Jetzt faltet man das Blatt entlang der Mittellinie; die glatte Blattunterseite wird nun zur Oberseite des Vogels. Zum Schluss stellt man die Flügel aus, die man mittig, ebenfalls parallel zur Mittellinie noch einmal nach oben falten kann.

Vogelfuß

Altersstufe

Ab Klasse 5

Benötigtes Material

- Fotokarton
- Papier
- Musterbeutelklammer
- Schere

So geht es

Das Beinskelett eines Vogels gliedert sich entsprechend dem des Menschen in Oberschenkel, Unterschenkel, Mittelfuß (Lauf) und Zehen. Mittelfuß und Zehen fallen durch eine andere Stellung auf.

1. Aus einem 2 cm breiten Kartonstreifen kann man ein Modell des Vogelfußes knicken (s. Abb. 1).
   Die vorderen Zehen werden durch ein dreieckiges Kartonstück angedeutet.

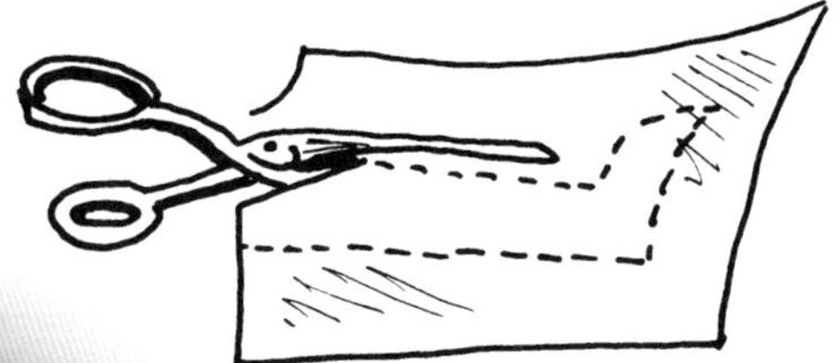

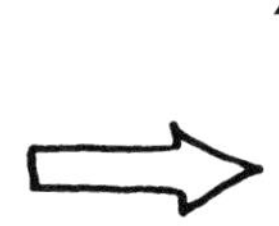

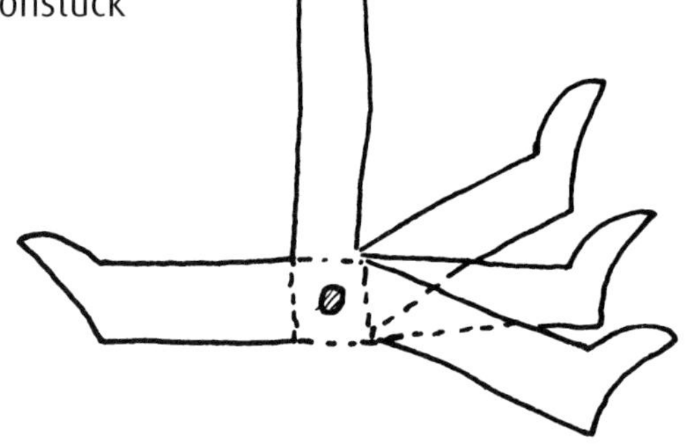

2. Aus Papierstreifen kann man ein Modell des Vogelfußes mit den einzelnen Zehen herstellen (s. Abb 2). Die einzelnen Streifen sind durch eine Musterbeutelklammer verbunden. Auch die Themen Kletterfuß (Spechte haben zum Klettern am Baum zwei nach vorn und zwei nach hinten gerichtete Zehen mit spitzen, gebogenen Krallen) und Wendezehe (Vögel mit einer Wendezehe können diese wahlweise nach vorn oder nach hinten richten) kann man mit diesem Modell veranschaulichen.

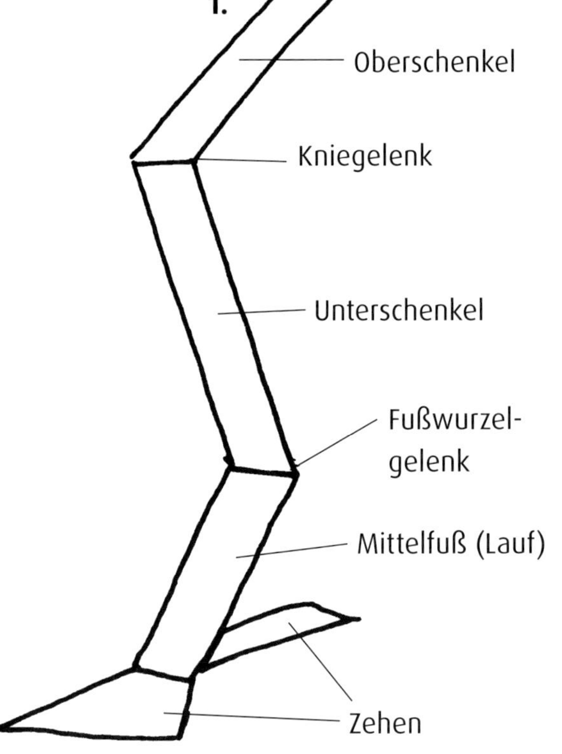

Federmodell

Altersstufe

Ab Klasse 5

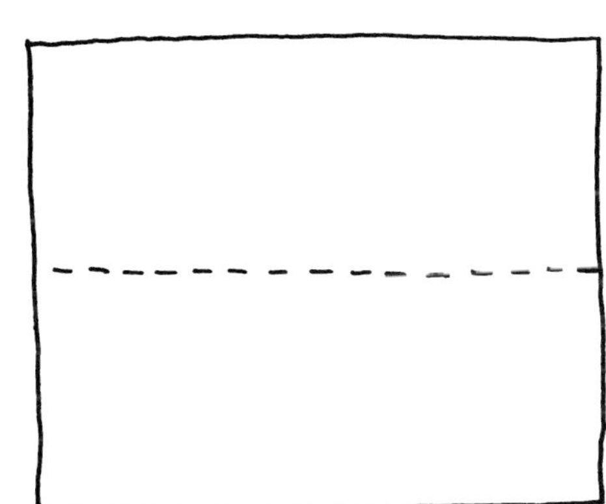

Benötigtes Material

- Papier
- Schere

So geht es

Nur Federn mit geschlossener Fläche bilden eine für den Flug geeignete Tragfläche. Der Luftwiderstand geschlossener Flächen ist größer als bei zerteilten Flächen.

Für den Modellversuch nimmt man einen DIN-A4-Bogen Papier sowie einen weiteren Bogen, den man aber mit der Schere in regelmäßigen Abständen einschneidet. Beide Bögen schneidet man auf einen gleichen Umriss zu und lässt sie gleichzeitig zu Boden fallen. Dabei beobachtet man die Fallgeschwindigkeit.

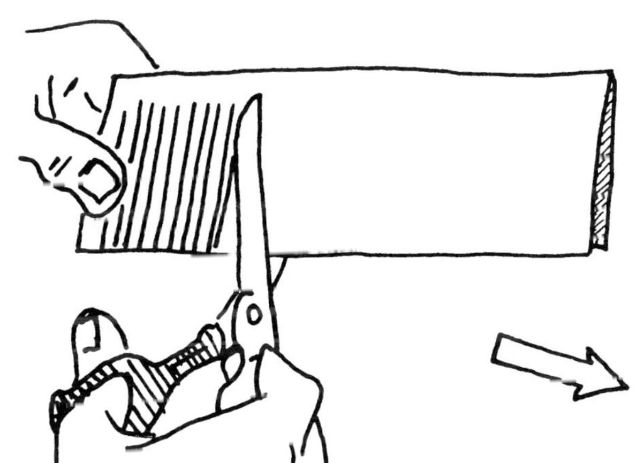

Nisthilfen für Schwalben

Altersstufe

Ab Klasse 4

Benötigtes Material

- Holzbretter (mindestens 15 mm stark)
- Säge
- Hammer
- Schraubenzieher
- Nägel
- Schrauben
- Metallösen

So geht es

Rauchschwalben sind vielerorts selten geworden. Sie bauen ihre Nester vorzugsweise in Ställen. Mehlschwalben kleben Nester vorzugsweise an Hauswände unter dem Schutz des Daches.

1. Viele Ställe hatten früher ein „Schwalbenbrettchen" an der Wand, das zum Nestbau einladen sollte. Entsprechend der Maßangaben von Abb. 1 werden die Bretter zurechtgesägt, zusammengenagelt oder -geschraubt und mit Metallösen befestigt. Unter das Brettchen setzt man als Stütze noch einen rechtwinkligen Holzkeil.
2. Mittlerweile gibt es für Mehlschwalben Kunstnester zu kaufen, aber man kann auch eine selbst gebaute Nisthilfe aus Brettchen anbieten (Maßangaben s. Abb. 2).

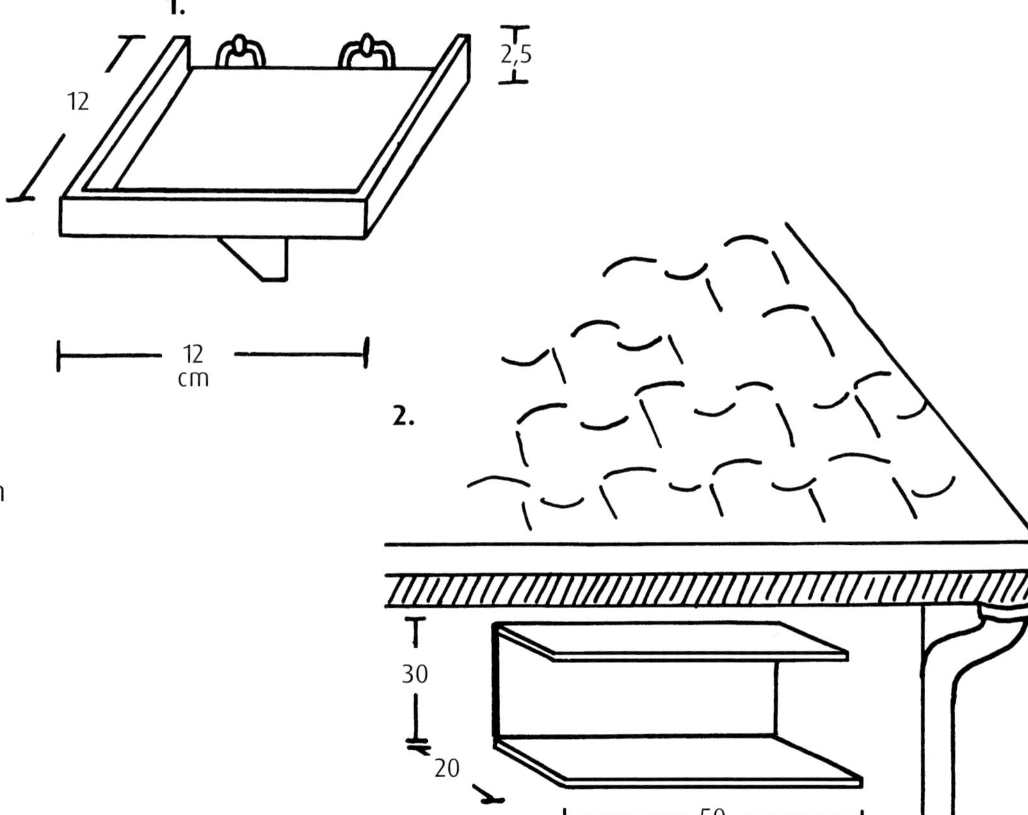

Nistkästen

Altersstufe

Ab Klasse 4

Benötigtes Material

- Holzbretter (mindestens 15 mm stark)
- Säge
- Hammer
- Schraubenzieher
- Holzleim
- Nägel
- Schrauben
- Metallösen

1.

180 270 270 160 25 230 32 120 120

So geht es

Halbhöhlenbrüter wie Grauschnäpper und Bachstelze haben andere Nistgewohnheiten als Höhlenbrüter, zu denen Meisen und Stare gehören. Es gibt viele Bauanleitungen für Nistkästen. Zwei Beispiele sollen zum Nachbau anregen.

Die Abbildungen 1 und 2 zeigen die klassische Nisthilfe für Höhlenbrüter. Die Bretter werden entsprechend der Maßangaben zurechtgesägt, zusammengeleimt oder -geschraubt und z.B. mit Hilfe einer Aufhängleiste (s. Abb. 2) an einem Baumstamm aufgehängt.

Abbildung 3 zeigt eine Nisthilfe für Halbhöhlenbrüter. Sie sollte an einer möglichst geschützten Stelle, z.B. unter einem Balkon oder Dachvorsprung aufgehängt werden, auf keinen Fall an einer kahlen Wand.

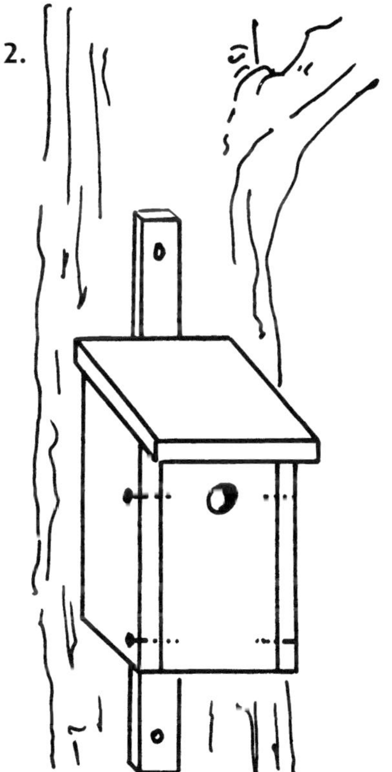

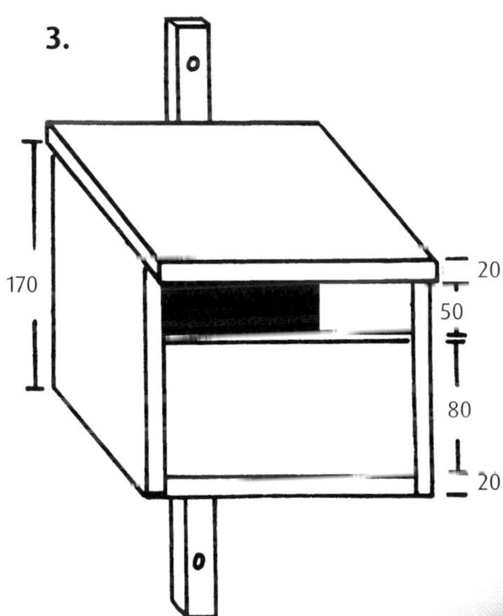

Katzenkralle

Altersstufe

Ab Klasse 5

Benötigtes Material

- Pappe
- Kordel
- Gummiband
- Musterbeutelklammern
- Schere/Bastelmesser

So geht es

Eine Katze kann sich geräuschlos an die Beute heranschleichen. Sie ist ein Zehengänger und hat sehr weiche Ballen an den Pfoten. Die Krallen können beim Gehen oder Sitzen in eine Hautfalte der Pfote zurückgezogen werden. Dadurch bleiben die Krallen immer spitz.

Das Zehenglied wird mit der Unterlage (stabile Pappe) fest, die Kralle mit einer Musterbeutelklammer jedoch beweglich verbunden. Oben stellt ein Gummiband den Rückziehmuskel dar. Unten wird eine Kordel an der Kralle befestigt, mit der man die Sehne für die Bewegung durch einen anderen Muskel simuliert.

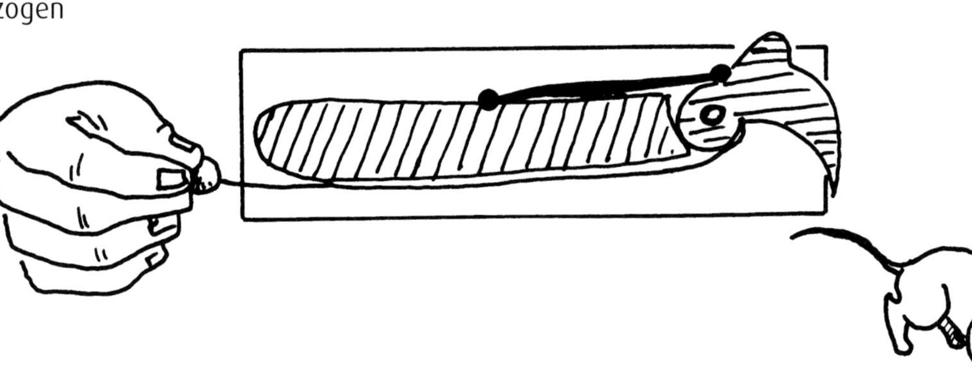

Gebiss von Katze und Hund

Altersstufe

Ab Klasse 5

Benötigtes Material

- Fotokarton
- Schere
- Farbstifte
- Musterbeutelklammern

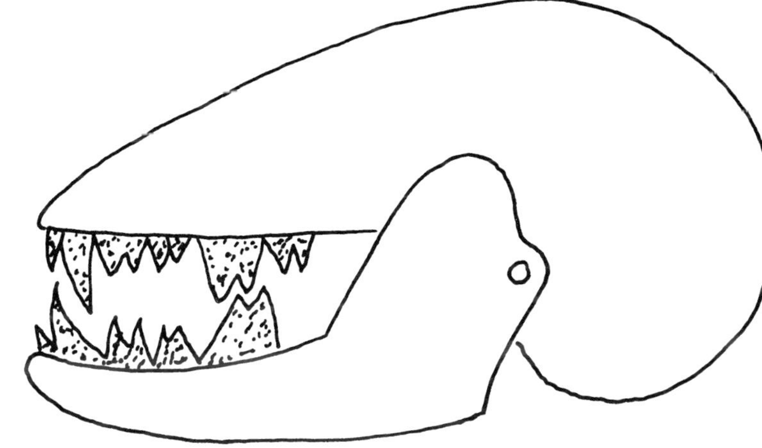

So geht es

Die Katze ist ein Raubtier, das seine Beute mit den spitzen Krallen und dem scharfen Gebiss fängt. Beim Fang wirken die Eckzähne wie Dolche. Die Backenzähne haben scharfe, zackige Schneiden. Dies gilt besonders für die Reißzähne. Beim Schließen des Maules gleiten die Backenzähne wie die Schneiden einer Schere aneinander vorbei. Auch der Hund hat ein Raubtiergebiss mit ausgeprägten Eck- und Reißzähnen.

Die Abbildung des Modells kann auf Karton übertragen und ausgeschnitten werden. Die Verbindung der Kiefer erfolgt mit Musterbeutelklammern.

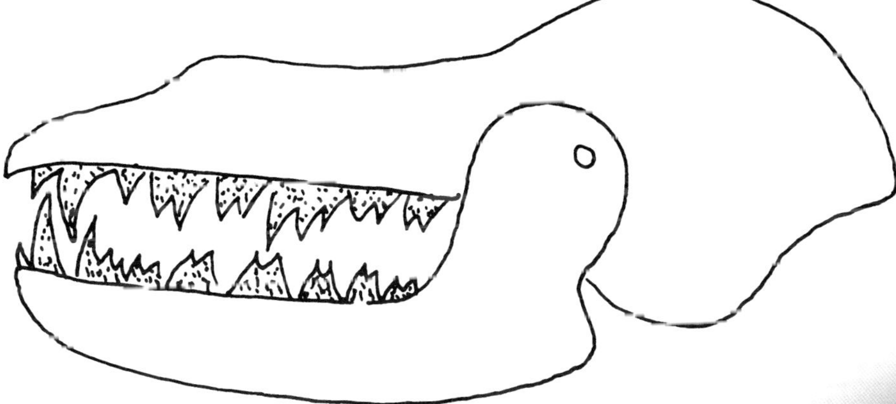

Streifenmodell eines Säugers

Altersstufe

Ab Klasse 5

Benötigtes Material

- Pappe
- Kartonstreifen
- Holzbrett
- Heftzwecken
- Draht oder Zahnstocher
- Schere/Bastelmesser
- Klebstoff
- Tesafilm

So geht es

Säugetiere besitzen einen Becken- und einen Schultergürtel, die das Gewicht des Rumpfes auf die Extremitäten übertragen. Die Extremitäten liegen dicht am Körper. Weite, ausgreifende Bewegungen sind möglich.

Bei diesem Modell der Katze ist zu beachten, dass sie einen Beckengürtel (ein Streifen, der um die Wirbelsäule herumgebogen und mit Tesafilm festgeklebt wird), aber keinen geschlossenen Schultergürtel besitzt (zwei kürzere Streifen, die unter die Wirbelsäule geklebt werden), es fehlen die Schlüsselbeine. Die Streifen der Gliedmaßen sind am oberen Ende umgebogen und mit Klebstoff fixiert. In den entstehenden Spalt steckt man ein Stück Draht oder einen Zahnstocher zur Verbindung mit dem Schulter- bzw. Beckengürtel. Die Wirbelsäule ist mit Tesafilm daran befestigt. Das Modell wird mit Heftzwecken auf ein Holzbrett geheftet.

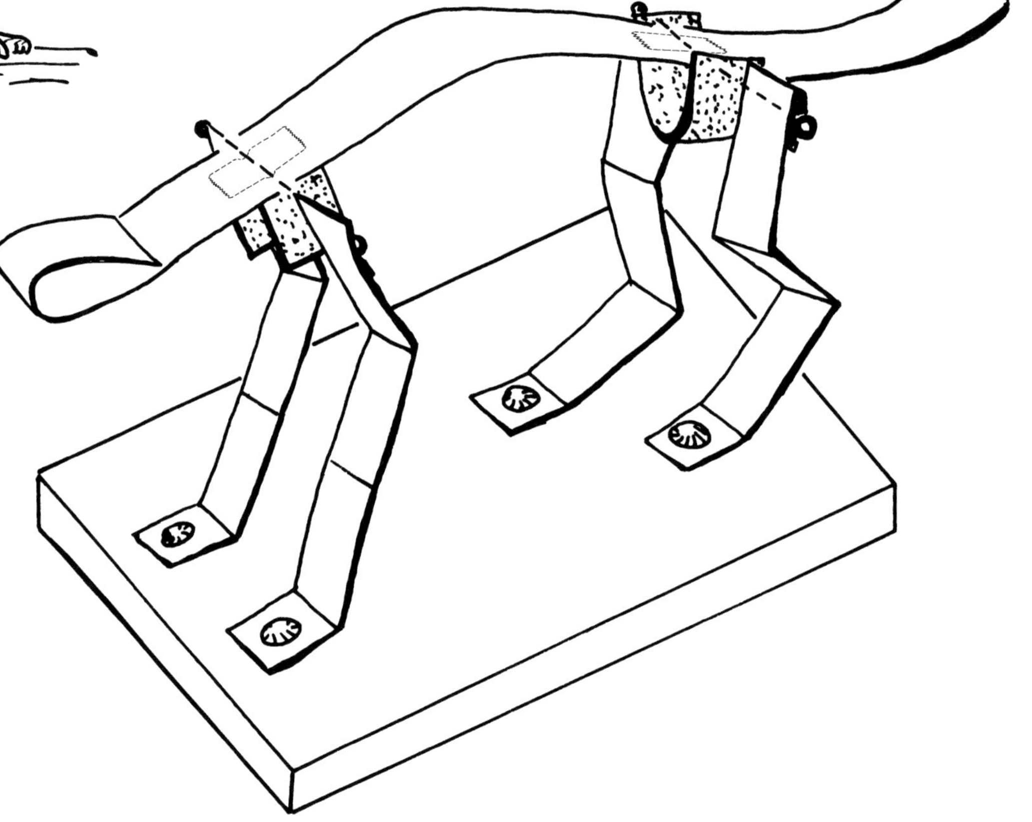

Papierstreifenmodell eines Säugers

Altersstufe

Ab Klasse 3

Benötigtes Material

- Fotokarton
- Schere
- Klebstoff

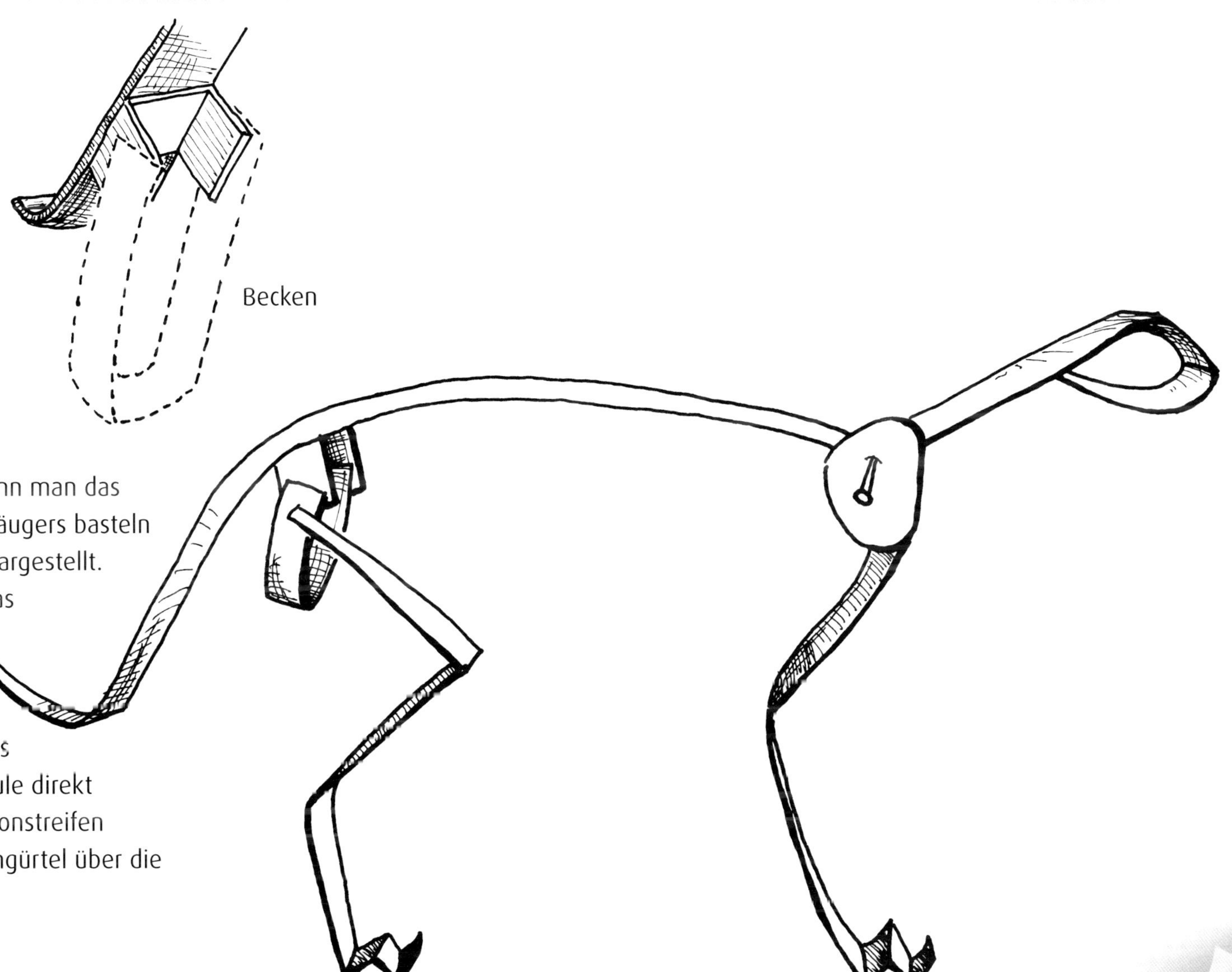

So geht es

Aus 2 cm breiten Streifen von Fotokarton kann man das einfache Streifenmodell eines vierfüßigen Säugers basteln lassen. Hier ist jeweils nur eine Extremität dargestellt. Der Oberschenkel wird zur Befestigung etwas eingeschnitten und auf den Beckengürtel gesteckt. Der Oberarm wird mit Klebstoff hinter dem Schulterblatt befestigt. Für ein einfaches Modell genügt es aber auch, die Gliedmaßen an der Wirbelsäule direkt zu befestigen und jeweils einen kurzen Kartonstreifen zur Andeutung von Schulterblatt und Beckengürtel über die Befestigungsstellen zu kleben.

Gliedmaßen von Säugern

Altersstufe

Ab Klasse 5

Benötigtes Material

- Pappe
- Schere
- Farbstifte

So geht es

Eine vergleichende Betrachtung der Organismen zeigt die Abwandlung eines bestimmten Grundbauplans. So haben die Gliedmaßen vierfüßiger Wirbeltiere einen stets gleichen Grundbauplan. Der tragende Achsenstamm besteht aus Fingern/Zehen (a), Mittelhand/Mittelfuß (b), Handwurzel/Fußwurzel (c), Unterarm/Unterschenkel (d) und Oberarm/Oberschenkel (e). Sohlengänger (Bär, Affe) stehen auf Zehen, Mittelfuß und Fußwurzel. Zehengänger (Katze, Hund, Wolf) bewegen sich auf den Zehen. Bei Zehenspitzengängern (Huftiere) sind auch die Zehen aufgerichtet.

Aus 2 cm breiten Pappstreifen kann man die Abwandlung eines Grundbauplans nachbilden. Die Modelle werden durch Beschriftung oder durch Anmalen anschaulicher.

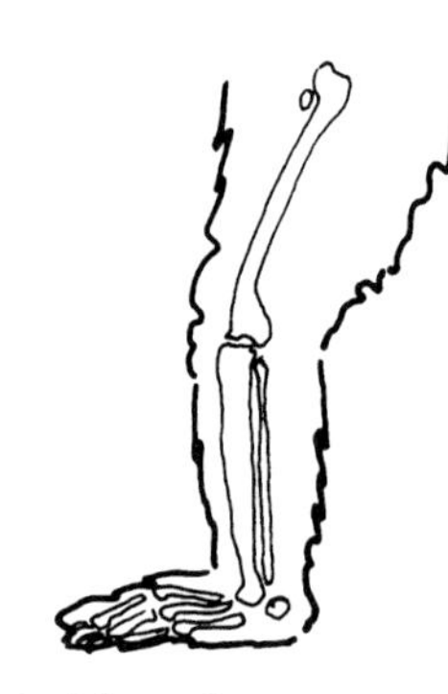

Sohlengänger

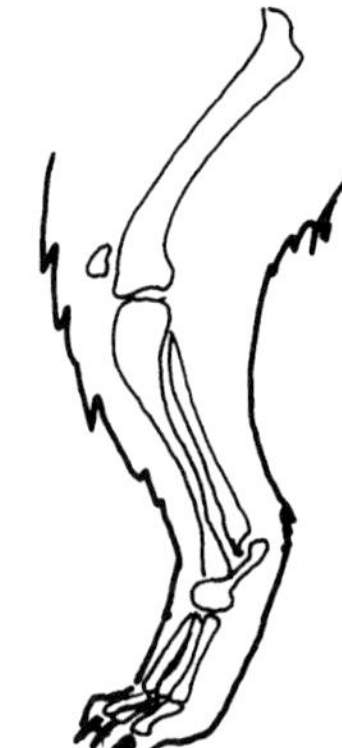

Zehengänger

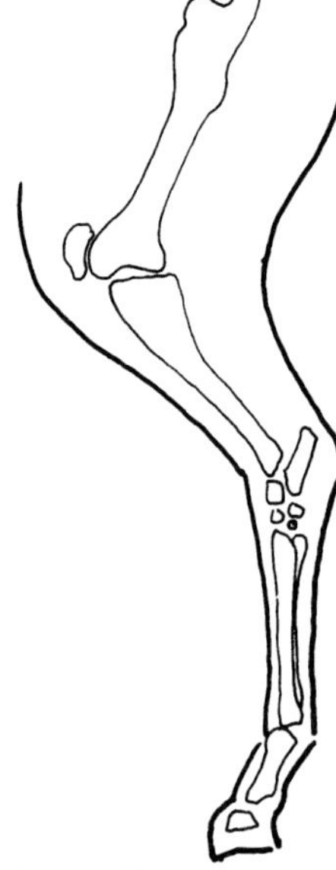

Zehenspitzengänger

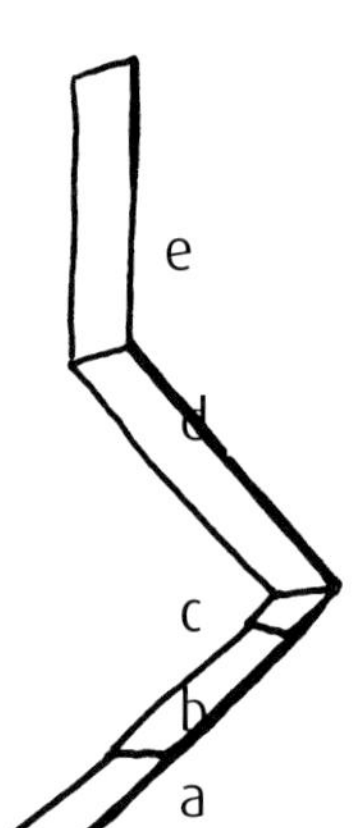

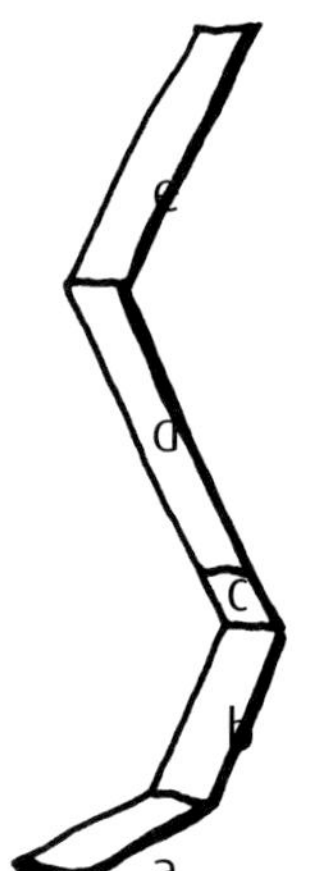

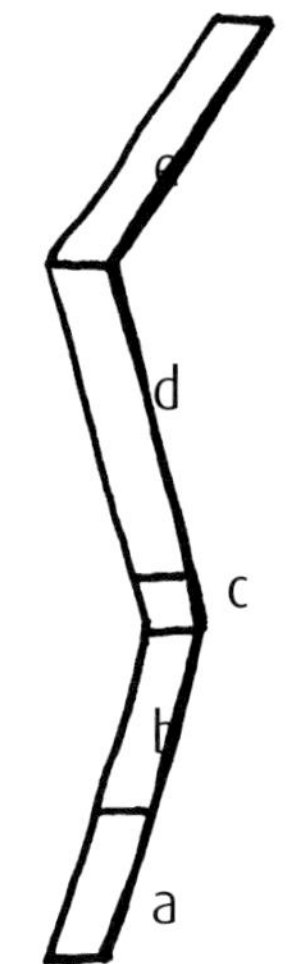

Wirbelsäule bei Vierfüßern

Altersstufe

Ab Klasse 5

Benötigtes Material

- Weinkorken
- Schaumstoff
- Draht
- Nägel

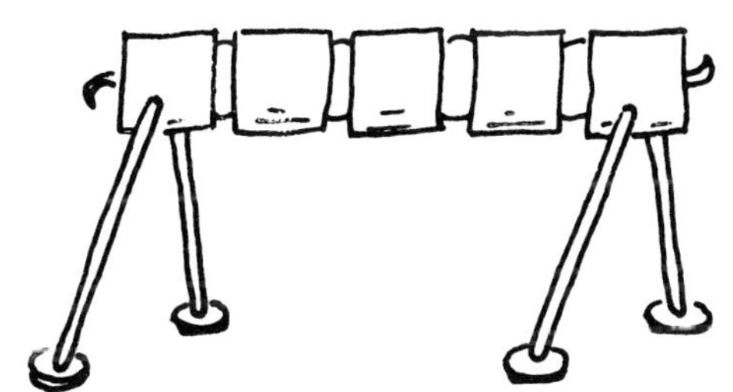

So geht es

Die bewegliche Wirbelsäule erlaubt Vierfüßern ein weites Vor- und Rückgreifen der Vorder- und Hinterbeine. Die Beweglichkeit der Wirbelsäule wird u.a. durch den Aufbau aus starren Wirbeln und elastischen Bandscheiben erreicht.

Weinkorken werden abwechselnd mit Schaumstoffstücken auf nicht zu dicken Draht aufgezogen. Am Ende wird der Draht zu einem Haken (als Verschluss) umgebogen. Die Extremitäten und der Kopf werden durch Nägel dargestellt.

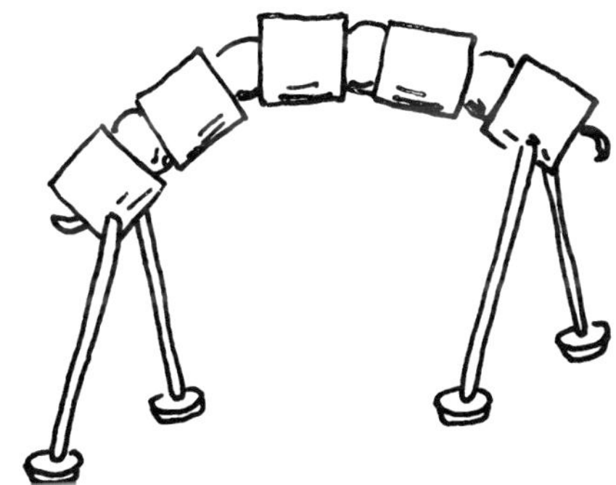

Oberflächen-Volumen-Verhältnis

Altersstufe

Ab Klasse 7

Benötigtes Material

- Pappe
- Schere
- Klebstoff

So geht es

Der Stoffaustausch von Lebewesen mit ihrer Umwelt erfolgt über Oberflächen. Große äußere Oberflächen erlauben bei entsprechendem Bau einen größeren Stoffaustausch. Dabei geht aber auch viel Wärme verloren.

Mit diesem Zylindermännchen kann man Beziehungen zwischen Oberfläche und Volumen verschiedener Körperteile (hier Kopf, Rumpf, Beine) darstellen. Die Oberfläche eines Zylinders mit dem Radius r und der Höhe h beträgt $2\pi r\ (r + h)$, das Volumen $\pi r^2 h$.

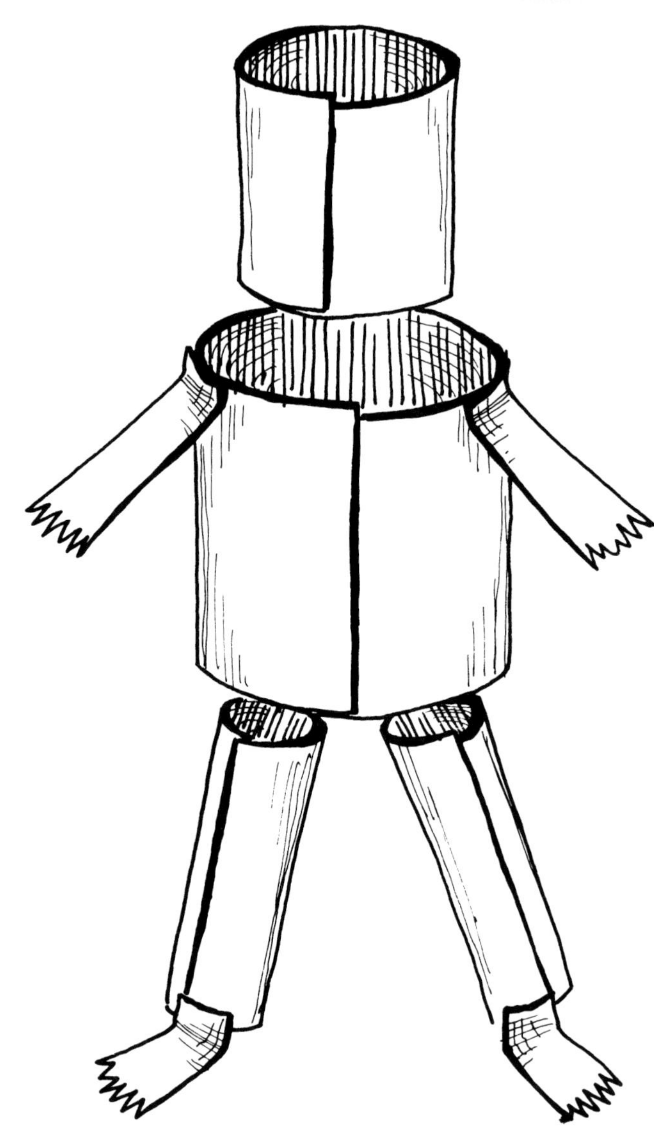

Oberflächenvergrößerung

Altersstufe

Ab Klasse 7

Benötigtes Material

- Pappe
- Schere
- Streichholz-, Zigaretten-, Schuhschachteln
- Tischtennis-, Tennis-, Fußbälle

So geht es

Mit zunehmender Größe eines ungegliederten Körpers wird die Außenfläche und damit die Austauschfläche pro Volumeinheit immer kleiner. Daher gibt es keine riesigen, ungegliederten Organismen.

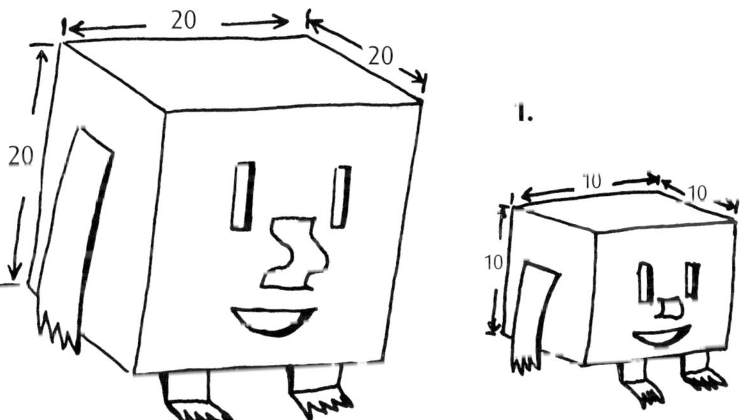

1. Aus Pappe schneidet man die Kastenmännchen aus und bestimmt Oberfläche, Volumen und das O/V-Verhältnis.
   Berechnung eines Würfels:
   Oberfläche = $6a^2$;
   Volumen = a^3.

   Man kann auch Streichholzschachteln, Zigarettenschachteln und Schuhschachteln vergleichen.

   Berechnung eines Quaders:
   Oberfläche = $2(ab + ac + bc)$;
   Volumen = $a \cdot b \cdot c$.

2. Bälle verschiedener Größe sind noch anschaulicher.
   Bei einem Radius r beträgt
   die Oberfläche $4\pi r^2$,
   das Volumen $\frac{4}{3}\pi r^3$.

Schwerpunkt beim Affen

Altersstufe

Ab Klasse 5

Benötigtes Material

- Wellpappe
- Bleistift
- Schere/Bastelmesser
- Musterbeutelklammern
- Kordel
- Gewicht

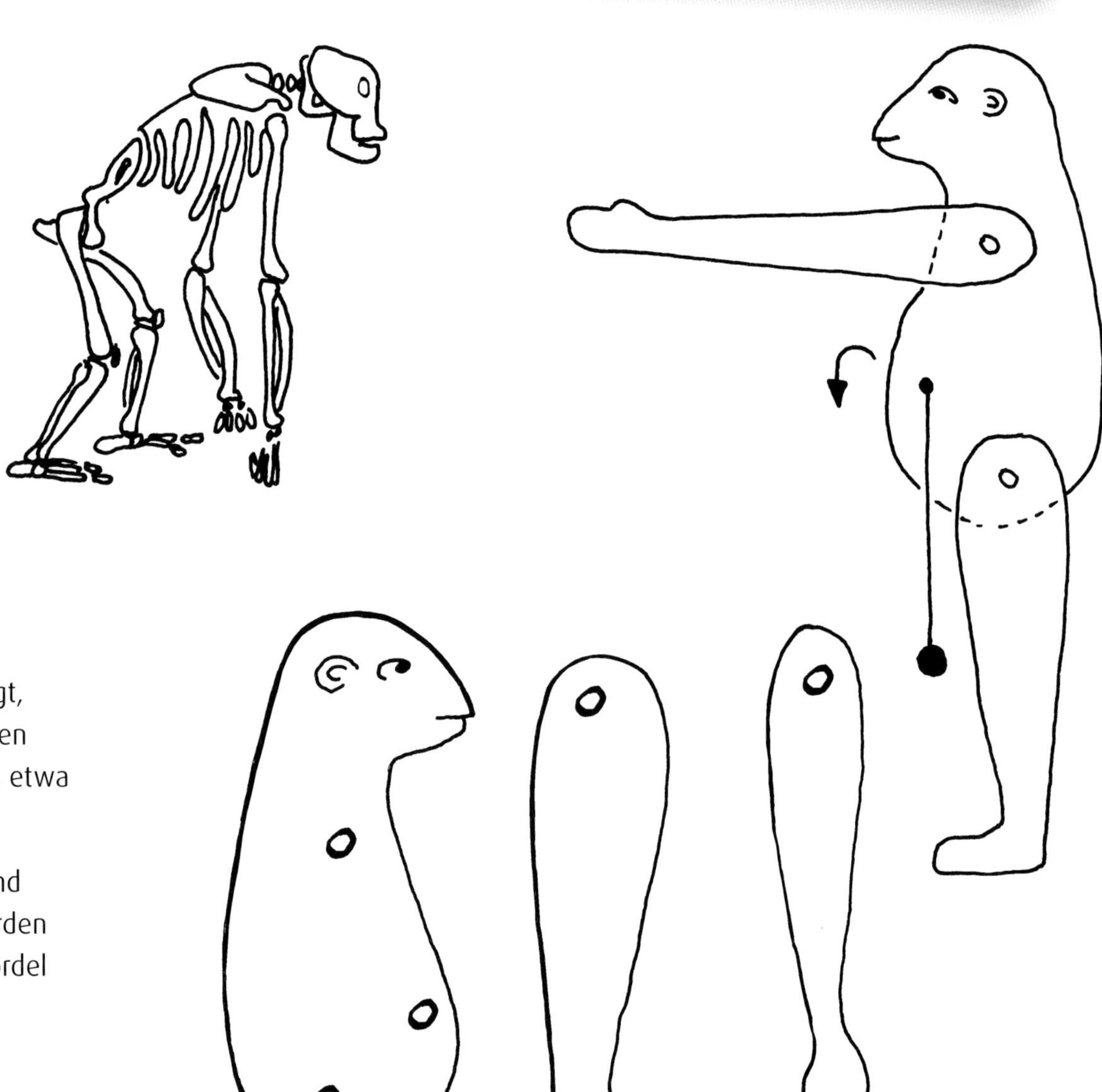

So geht es

Die Abwandlung der Grundform des Körperbaus bei Primaten bedingt, dass der Mensch aufrecht gehen kann und der Affe nicht. Beide haben eine verschiedene Lage des Schwerpunktes. Er liegt beim Menschen etwa in der Vertikalen der Wirbelsäule, beim Affen jedoch deutlich davor.

Auf großflächige Wellpappe zeichnet man den Umriss eines Affen und schneidet diesen mit einem scharfen Messer aus. Die Einzelteile werden mit Musterbeutelklammern verbunden. Das Lot besteht aus einer Kordel und einem Gewicht daran.

Schwerpunkt beim Menschen

Altersstufe

Ab Klasse 5

Benötigtes Material

- Wellpappe
- Bleistift
- Schere/Bastelmesser
- Musterbeutelklammern
- Kordel
- Gewicht

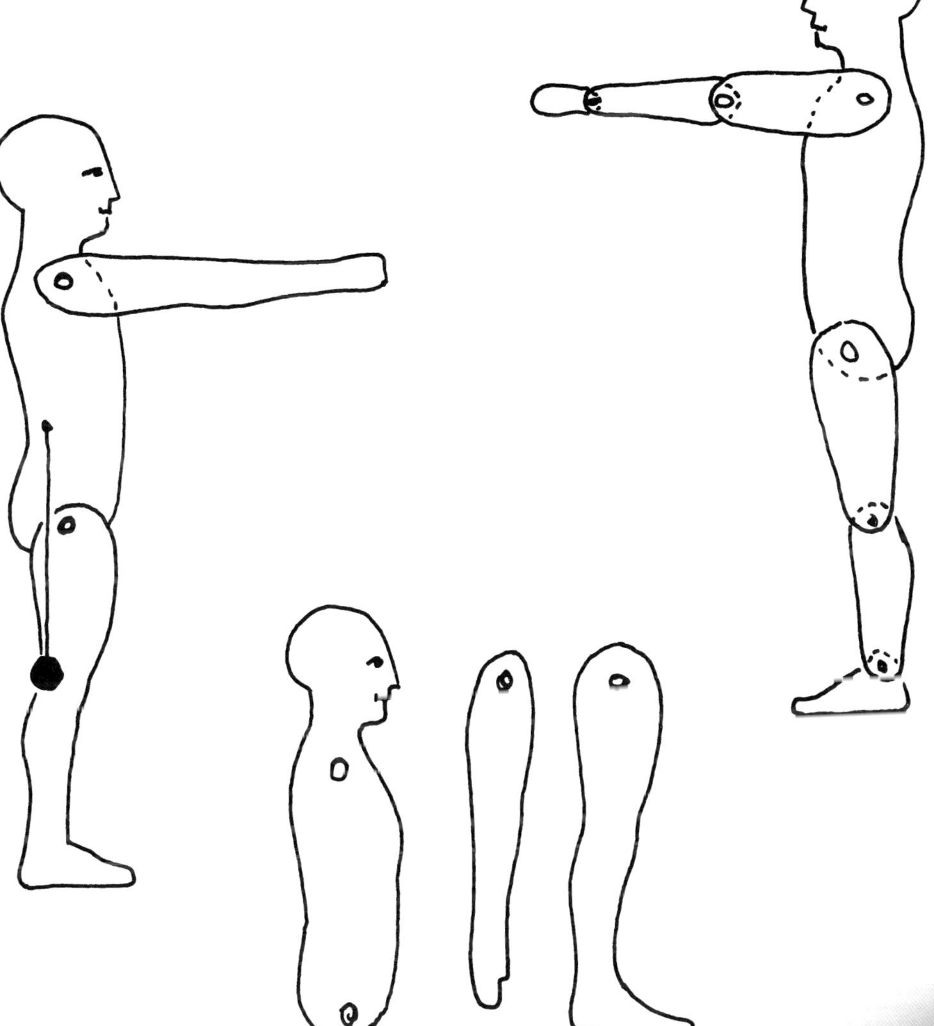

So geht es

Zur Demonstration des Schwerpunktes beim Menschen stellt man ein ähnliches Modell wie auf Seite 88 unter „Schwerpunkt beim Affen" beschrieben her. Für Bewegungsstudien kann man auch das vorhergehende Modell abwandeln, indem man Beine und Arme beweglich macht (gestrichelte Linien). Sehr anschaulich ist ein Modell in Originalgröße aus Wellpappe, das nach eigenen Proportionen von Schülern angefertigt werden kann.

Schwerpunkt beim Tragen

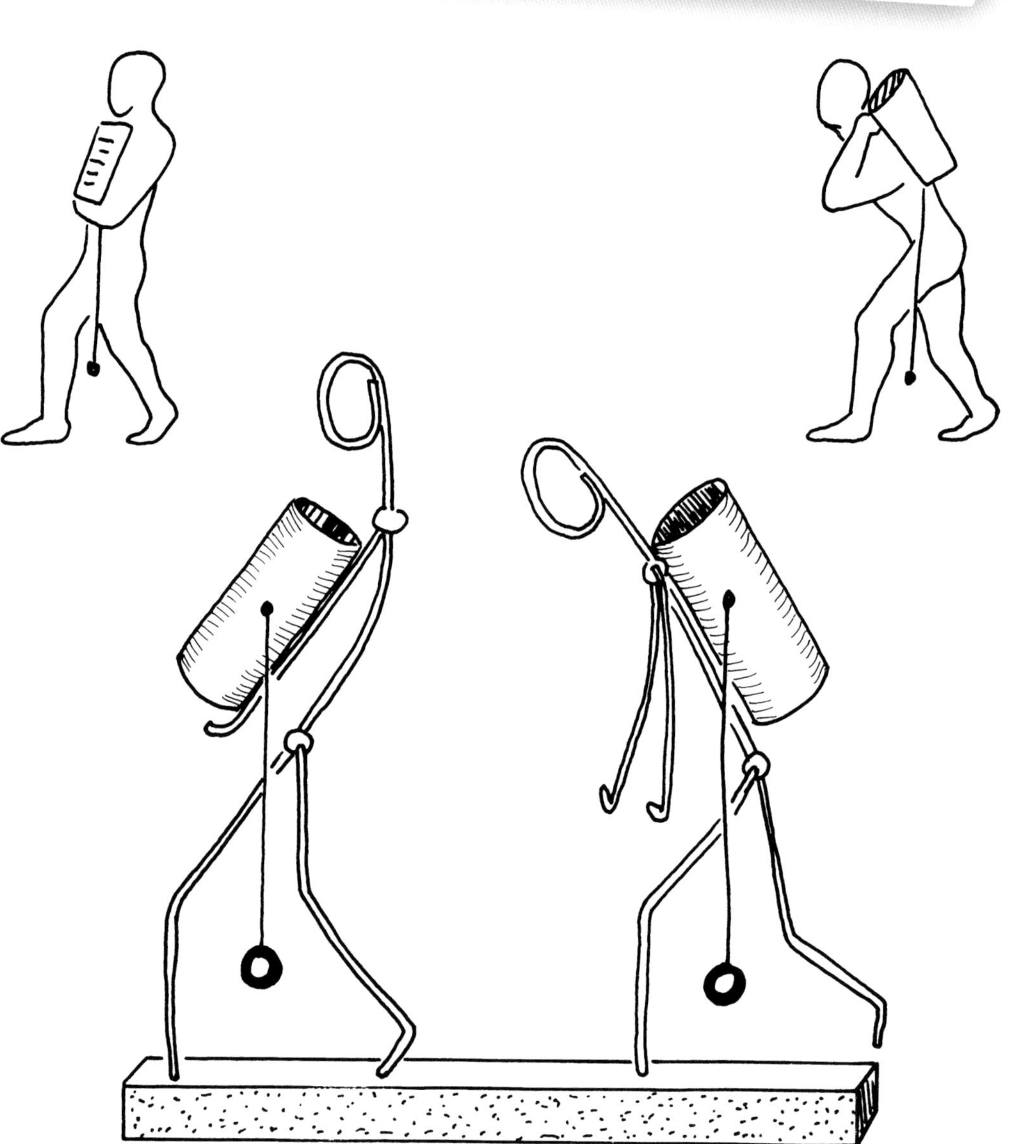

Altersstufe

Ab Klasse 5

Benötigtes Material

- Aluminium- oder Kupferdraht
- Telefonzange
- Weinkorken
- Gummiband
- Kordel
- Gewicht
- Reißzwecken

So geht es

Das Tragen von Lasten vor dem Bauch oder auf dem Rücken verändert die Lage des Schwerpunkts. Der Körper beugt sich unwillkürlich nach hinten bzw. nach vorn. Das Lot vom Schwerpunkt liegt dann wieder zwischen den Beinen. Mit diesem Modell lassen sich Bewegungsstudien zum Thema durchführen.

Die Figuren biegt man aus Aluminium- oder Kupferdraht (kein Litzendraht), am besten mit einer Telefonzange. Die Last (hier ein Korken) wird mit dünnem Draht oder mit Gummiband und das Lot daran mit einer Reißzwecke befestigt.

Wirbelsäule aus Stahlband

Altersstufe

Ab Klasse 5

Benötigtes Material

- Holzbrettchen
- Stahlband
- Holzschrauben
- Plastiktüten oder Plastikdosen
- Gewichte

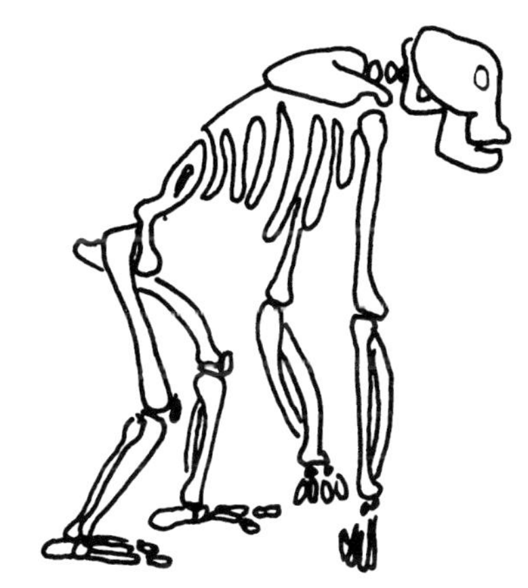

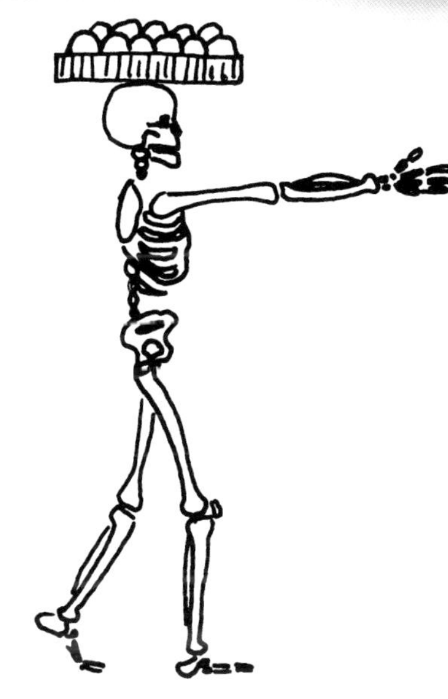

So geht es

Mit einem vielfach beschriebenen Modell kann man die Reaktion der Wirbelsäule von Affe und Mensch bei Belastungen zeigen. Zumeist wird Draht als Material vorgeschlagen. Stahlband (wie es zur Sicherung von Transportkisten verwendet wird) erlaubt eine stabilere Befestigung mittels einer Holzschraube auf einer Unterlage (Holzbrettchen). Am oberen Ende der Stahlbänder werden Haken gebogen, in denen kleine Plastiktüten oder Plastikdosen zur Aufnahme von Gewichten (Steine oder schwere Schraubenmuttern) aufgehängt werden.

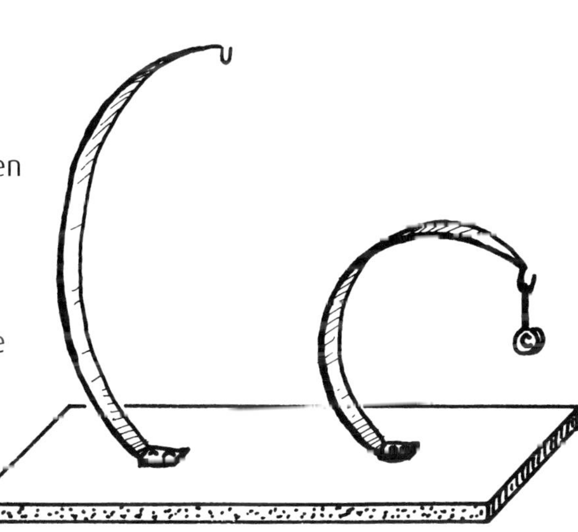

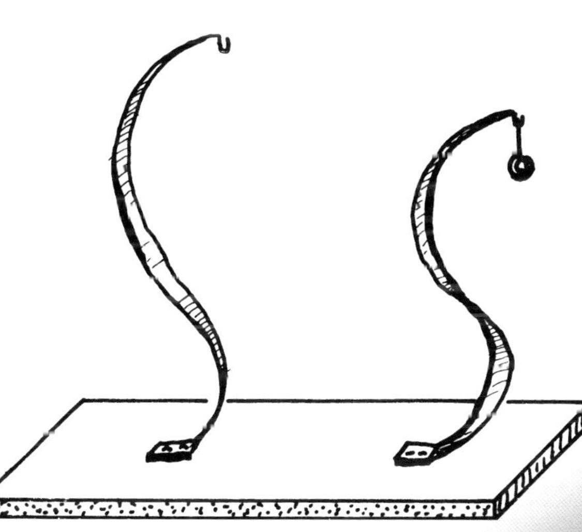

Elastizität der Wirbelsäule

Altersstufe

Ab Klasse 5

Benötigtes Material

- Holz- oder Pappscheiben
- Holzbretter
- fester Draht oder Fahrradspeiche
- Streichholzschachteln
- Schaumstoff

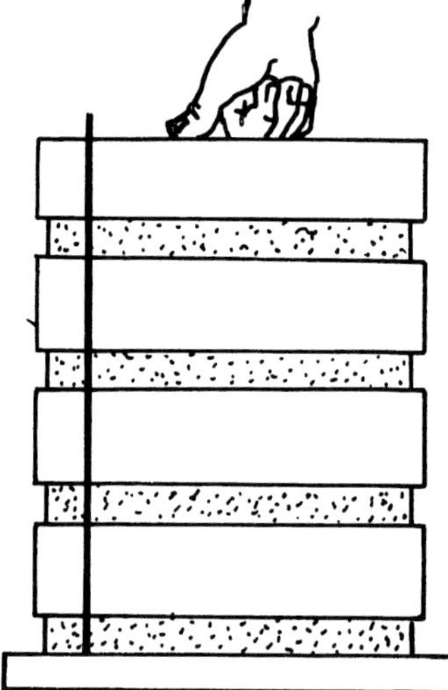

So geht es

Die Wirbelsäule besteht aus 33 Wirbeln und dazwischen gelagerten elastischen Bandscheiben (Zwischenwirbelscheiben). Die Bandscheiben federn Stöße ab, die den Körper bei Bewegungen belasten. Sie schrumpfen mit dem Alter, dadurch wird der Körper kleiner.

1. Die Elastizität in Abhängigkeit von der Höhe der Zwischenwirbelscheiben lässt sich anschaulich mit Holz- oder Pappscheiben und unterschiedlich dicken Schaumstoffstücken dazwischen zeigen.

2. Auch ein Stapel Streichholzschachteln mit Schaumstoff dazwischen vermittelt eine anschauliche Vorstellung.

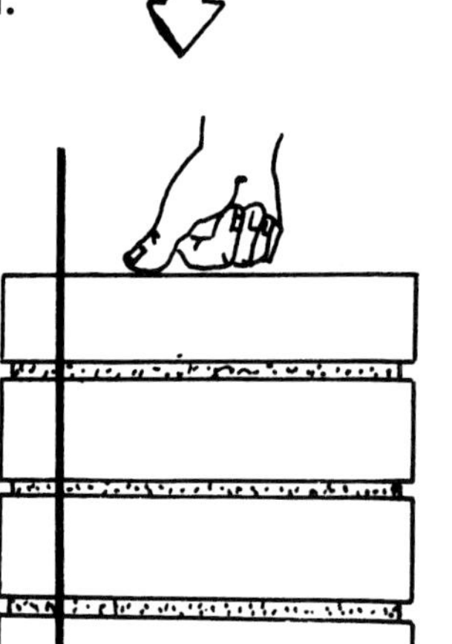

Weitere Wirbelsäulenmodelle

Altersstufe

Ab Klasse 5

Benötigtes Material

- Bücher, Astabschnitte oder Korken
- Schaumstoff oder Wellpappe
- Kordel

So geht es

Als Wirbel kann man z.B. **1.** Bücher nehmen, die man abwechselnd mit einer Lage Schaumstoff aufeinander stapelt, **2.** Astabschnitte oder **3.** Korken, die man durchbohrt und abwechselnd mit Schaumstoff oder einseitig beklebter Wellpappe als Zwischenwirbelscheiben auf eine Kordel auffädelt.

1.

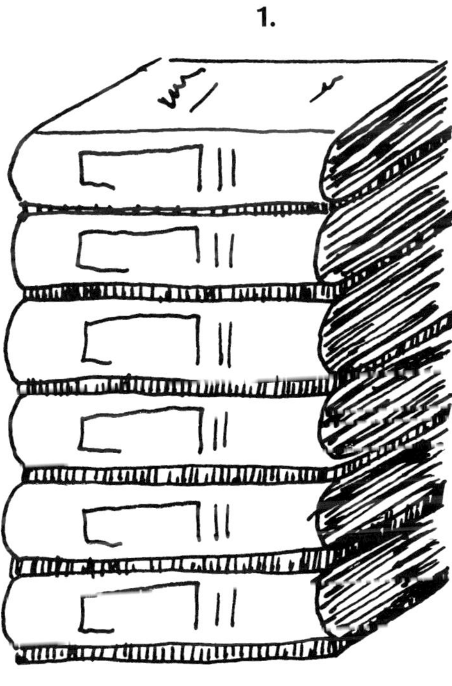

2. **3.**

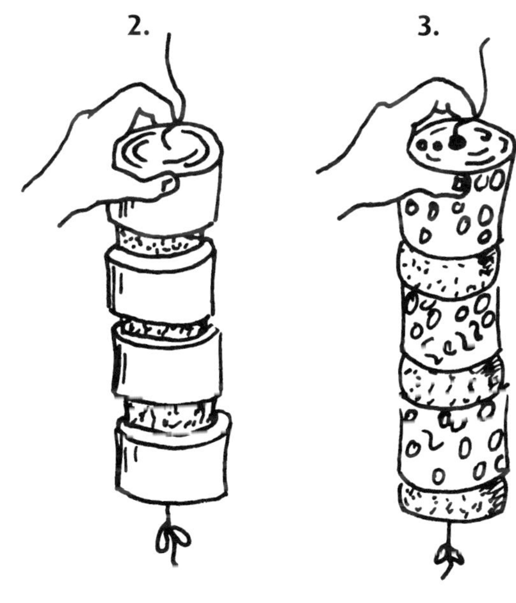

Muskelpaare

Altersstufe

Ab Klasse 5

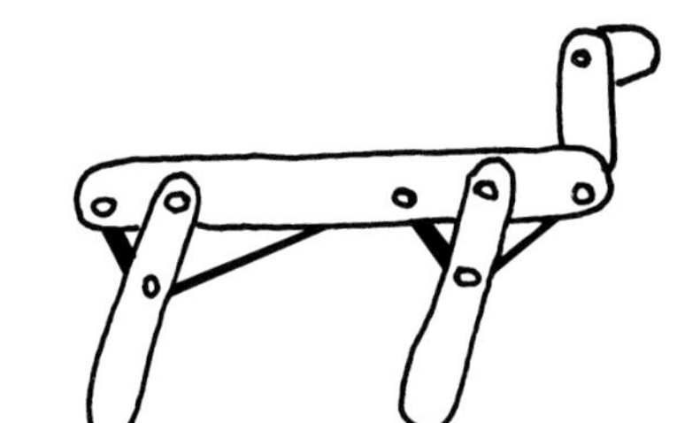

Benötigtes Material

- Pappe
- Gummiringe oder -bänder
- Musterbeutelklammern
- Bleistift
- Stab
- Kordel

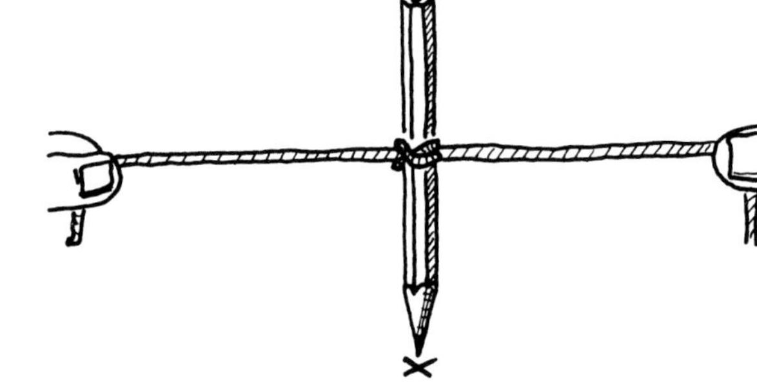

So geht es

Jeder Muskel hat einen Gegenspieler. Bewegung erfolgt, wenn sich ein Muskel zusammenzieht, der Gegenspieler wird dann entspannt.

1. Aus Pappe werden Streifen ausgeschnitten und entsprechend der Abbildung mit Gummibändern und Musterbeutelklammern miteinander verbunden.
2. Das Modellexperiment zeigt, dass Bleistift und Stab nur zu Kreuz oder Topf hinbewegt werden können, wenn der verkürzten Schnur aus der anderen Richtung entsprechend viel nachgegeben wird.

Bewegung des Fußes

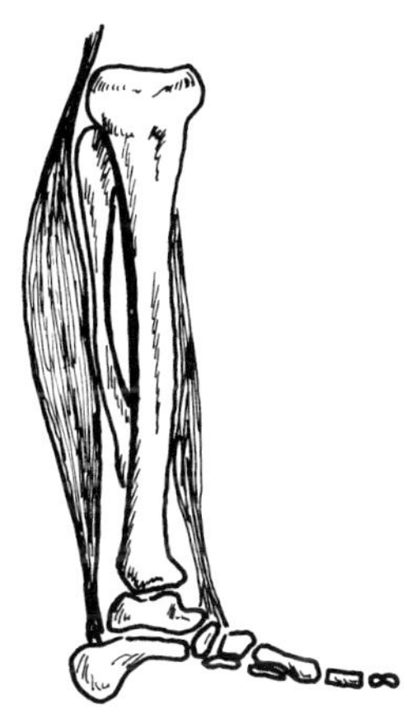

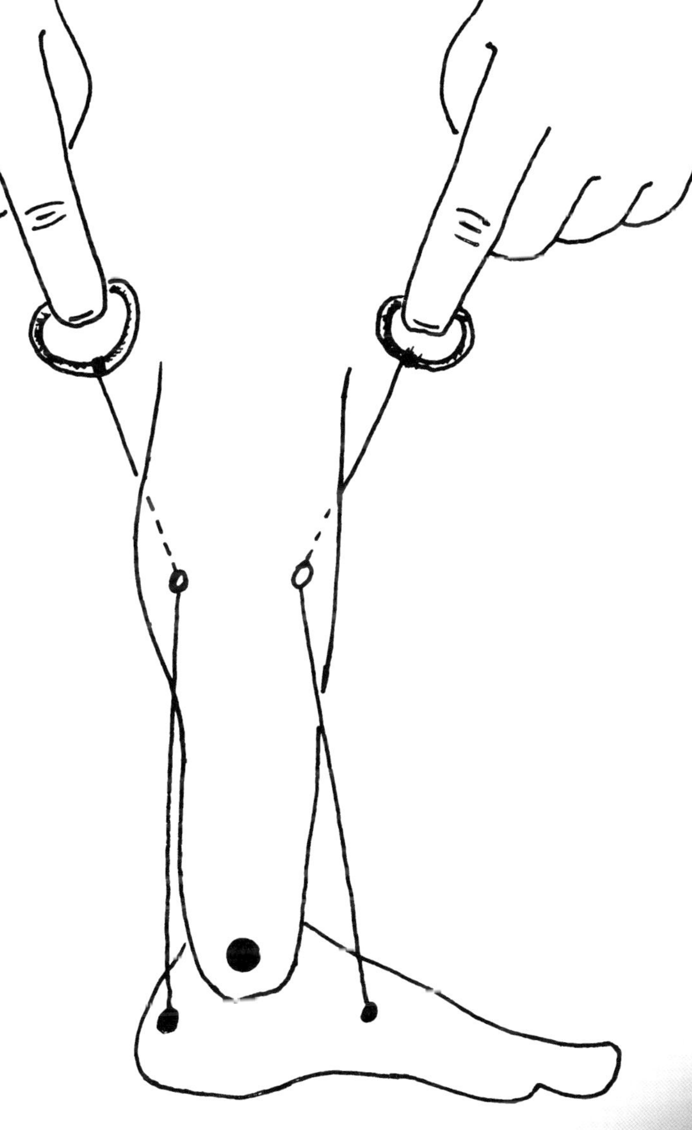

Altersstufe

Ab Klasse 5

Benötigtes Material

- Pappe
- Bleistift
- Schere/Bastelmesser
- Musterbeutelklammer
- Kordel
- Ringe

So geht es

Man legt Fuß und Unterschenkel auf steife Pappe, zeichnet deren Umrisse auf und schneidet sie dann mit einem scharfen Messer aus. Die Verbindung erfolgt mit einer Musterbeutelklammer. Die Kordel wird entsprechend der Abbildung am Fuß befestigt und durch Löcher im Unterschenkel gezogen. Abwechselndes Ziehen und Nachgeben veranschaulicht das Zusammenwirken der Muskeln bei der Bewegung des Fußes.

Durchmesser von Muskeln in Aktion

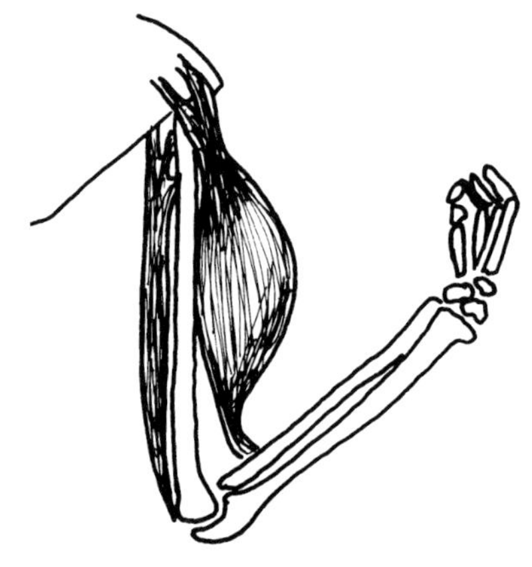

Altersstufe

Ab Klasse 5

Benötigtes Material

- Holzleisten
- Nägel oder Schrauben
- Kordel
- Luftballons

So geht es

Beuger und Strecker sind Gegenspieler bei der Bewegung des Unterarms. Sie verändern ihren Durchmesser beim Beugen und Strecken.

Zwei Holzleisten werden mit einem Nagel oder einer Schraube verbunden. Anschließend befestigt man mit Kordel zwei möglichst längliche und nicht zu prall gefüllte Luftballons. Die Ballons verändern bei Bewegungen den Durchmesser wie die Muskeln beim Beugen und Strecken.

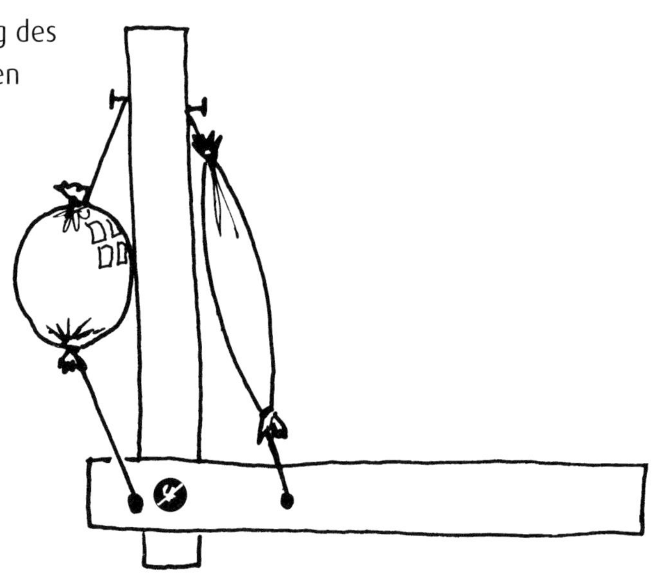

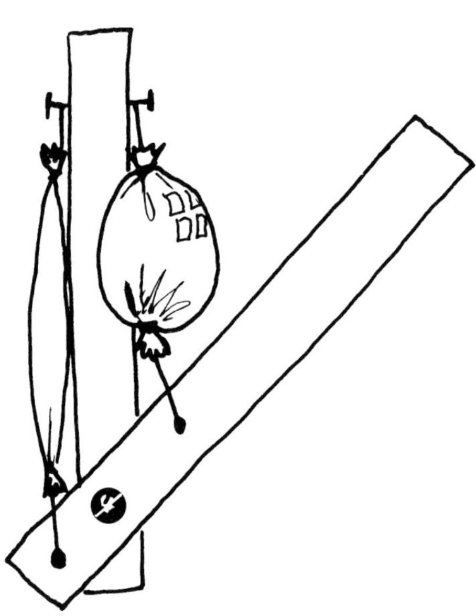

Grundbauplan von Armen und Beinen

Altersstufe

Ab Klasse 5

Benötigtes Material

- Pappe in unterschiedlichen Farben
- Äste
- Schere, Säge

So geht es

Arme und Beine haben beim Menschen den gleichen Grundbauplan. Aus verschiedenfarbiger Pappe (Abb. 1) oder aus verschieden langen und dicken Astabschnitten (Abb. 2) kann man die einzelnen Grundelemente zur Übung zusammenlegen lassen.

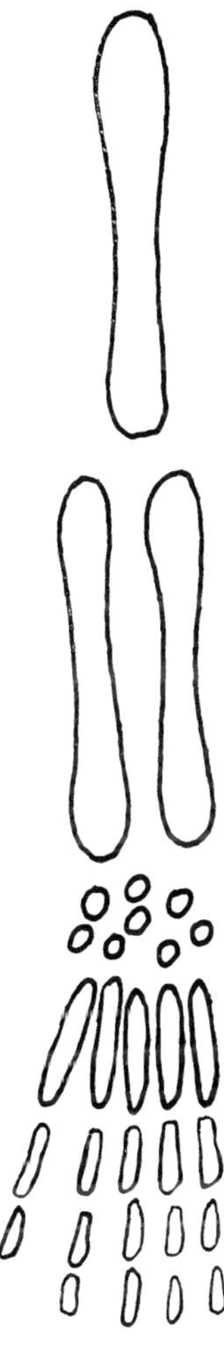

1.

2.

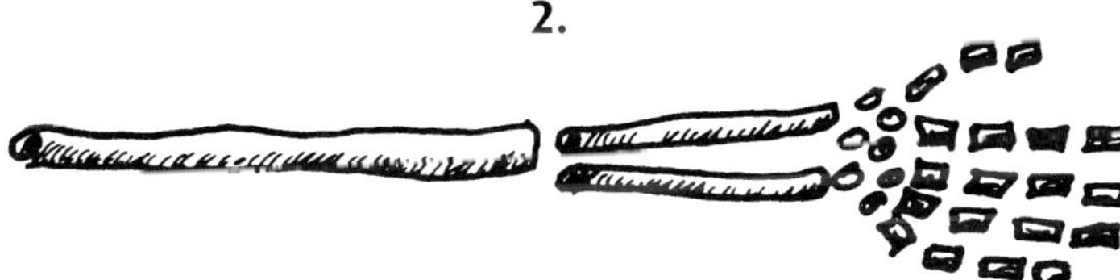

Gelenke spielen

Altersstufe

Ab Klasse 5

Benötigtes Material

Kein besonderes Material erforderlich.

So geht es

Alle Gelenkformen des Körpers kann man mit den Händen spielen.

1. Das Kugelgelenk mit leicht gekrümmter Hand und geballter Faust.
2. Das Scharniergelenk durch Drehung der geballten Faust in der gekrümmten anderen Hand.
3. Das Drehgelenk mit dem abgespreizten Daumen und den zu einem Ring geformten Fingern.
4. Das Sattelgelenk mit den Mulden zwischen Zeigefinger und Daumen.
5. Leicht gerundete Gelenkflächen (z.B. zwischen Rippen und Brustwirbeln) mit den Handflächen.

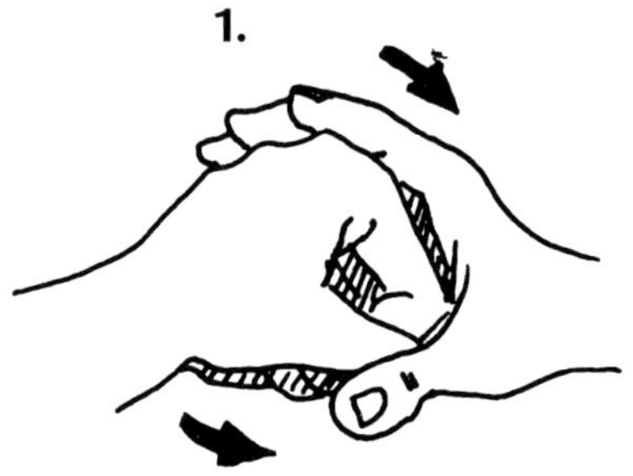

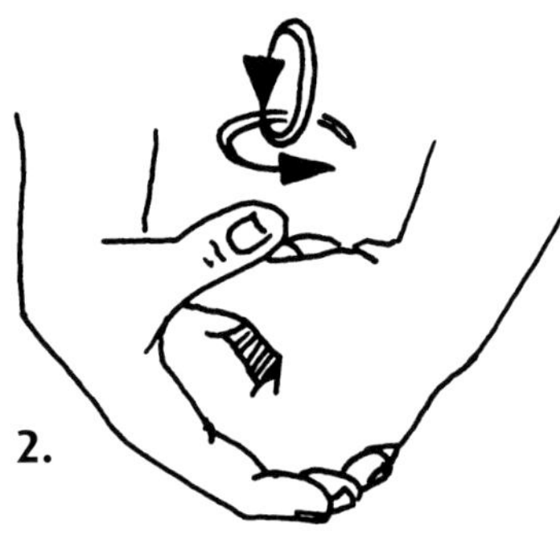

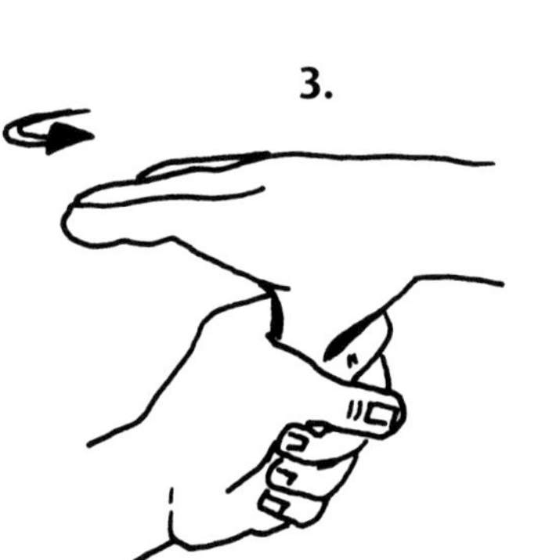

Gelenke basteln

Altersstufe

Ab Klasse 5

Benötigtes Material

- Styropor-, Holz- oder Pappscheiben
- Bleistift
- Plastikflasche
- Rundholz
- Plastikbälle
- Nägel
- Schere

So geht es

Zum Basteln von Gelenken gibt es viele Möglichkeiten. So kann man z.B. Styropor-, Holz- oder Pappscheiben einfach aufeinander legen (s. Abb. 1) oder auf einen kurzen Bleistift, Nagel o.Ä. stecken (s. Abb. 2). In einer halbierten Plastikflasche kann man ein Rundholz mit einem Nagel bewegen (s. Abb. 3). Für ein Schultergelenkmodell halbiert man einen Plastikball und stülpt ihn über einen etwas kleineren Ball, in den ein Nagel oder Bleistift gesteckt wird (s. Abb. 4). Diese einfachen Modelle zeigen zumindest die unterschiedliche Beweglichkeit verschiedener Gelenke.

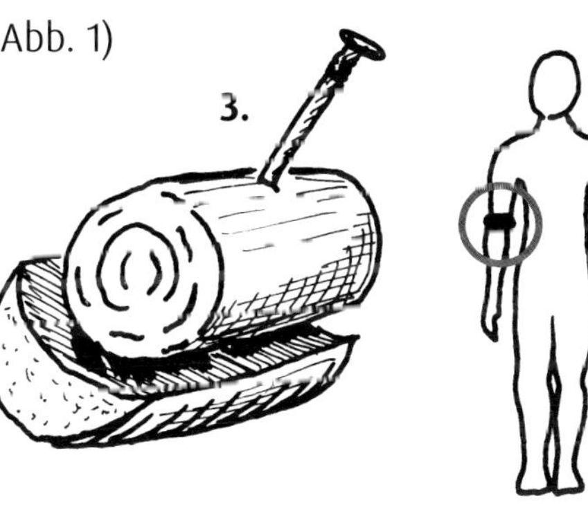

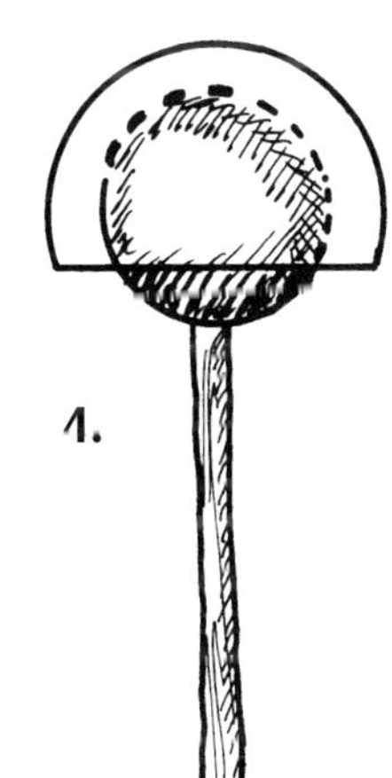

Bewegungen des Unterarmes

Altersstufe

Ab Klasse 5

Benötigtes Material

- Pappe
- Schere/Bastelmesser
- Musterbeutelklammer

So geht es

Die Elle umgreift den Oberarmknochen scharnierartig. Sie besitzt einen Fortsatz, der bei größter Streckung in einer Grube an den Oberarmknochen anschließt und damit eine Überstreckung des Unterarmes verhindert.

Das Modell besteht aus kräftiger Pappe. Der Unterarm ist im Gelenkbereich mit dünner Pappe unterlegt. Unterarm und Oberarm sind mit einer Musterbeutelklammer verbunden.

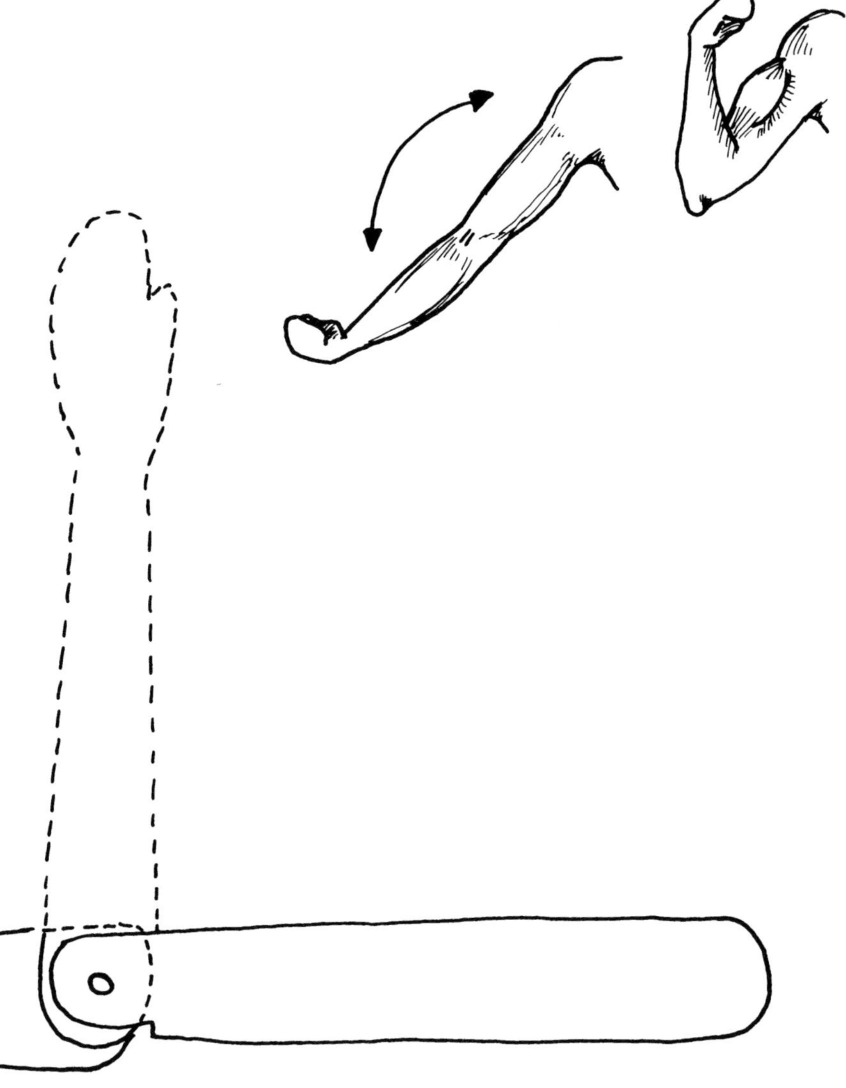

Gelenke

Altersstufe

Ab Klasse 5

Benötigtes Material

- Pappe
- Musterbeutelklammer
- Holzstäbe
- Gummi- oder Plastikschlauch
- Trichter
- Tischtennisball
- Haken
- Kordel
- Gewicht (z.B. Steine)
- Schere

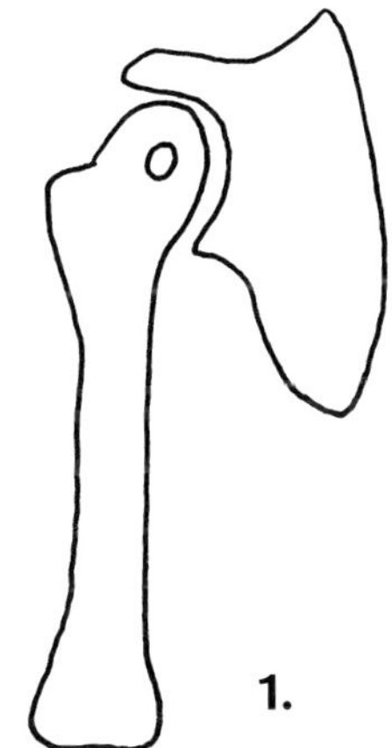

So geht es

Modelle (nicht nur von Gelenken) stellen jeweils nur bestimmte Baumerkmale dar.

1. Dieses Modell stellt die Einpassung von Kopf und Pfanne dar. Die beiden Teile werden aus Pappe ausgeschnitten. Der Kopf wird mit einer Musterbeutelklammer beweglich mit der Unterlage verbunden.
2. Zwei durch ein Schlauchstück verbundene Holzstäbe verdeutlichen die Funktion der Gelenkkapsel.
3. Dieses Modell schließlich verdeutlicht die Auswirkungen des Unterdrucks in der Gelenkkapsel. An einem Tischtennisball befestigt man einen Haken. Daran wird ein aus stabiler Pappe ausgeschnittener Arm befestigt, an dessen Ende man ein Gewicht (z.B. Plastikbeutel mit Steinen) hängt. Wenn man über den Tischtennisball einen Trichter stülpt und , durch das Rohr Luft ansaugt (nicht mit dem Mund), entsteht ein Unterdruck.

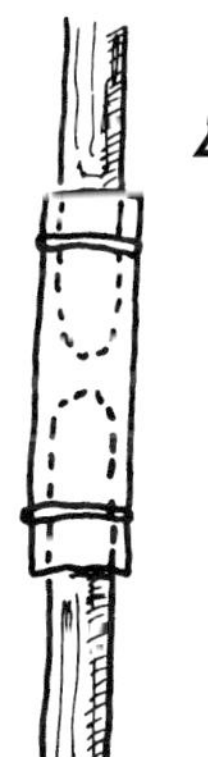

Hebelwirkung am Arm

Altersstufe

Ab Klasse 5

Benötigtes Material

- Holzleisten
- Mutterschraube
- Gummibänder oder Federwaagen

So geht es

Bei der Bewegung des Unterarmes wirken Beuger und Strecker zusammen. Der Beuger wirkt zusammen mit dem Unterarm als einarmiger Hebel, der Strecker als zweiarmiger Hebel. Je länger der Lastarm, umso größer ist die aufzuwendende Kraft.

Aus zwei Holzleisten und einer Mutterschraube stellt man ein leichtgängiges Modell von Ober- und Unterarm her. Beuger und Strecker sind im Modell Gummibänder oder mit Kordel befestigte Federwaagen. Die bei verschiedener Lastarmlänge oder die beim Beugen aufzuwendende Kraft wird mit der Federwaage oder durch Messen der Dehnung des Gummibandes bestimmt.

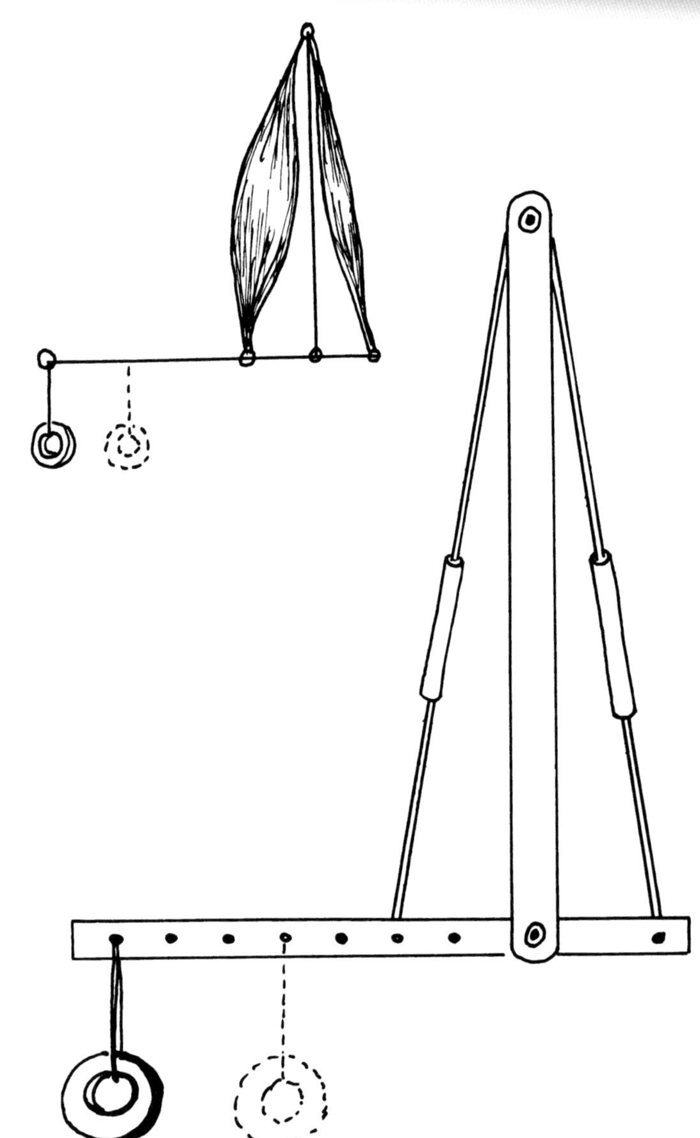

Röhrenknochen im Test

Altersstufe

Ab Klasse 5

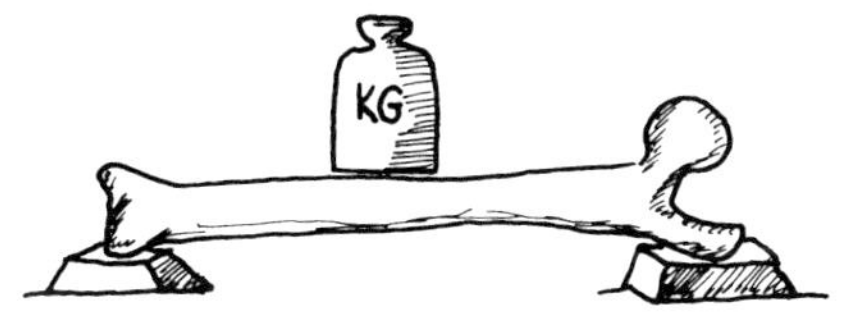

Benötigtes Material

- Holzklötze oder Bücher
- Gewichte oder Federwaagen
- Papier
- Bleistift
- Stricknadel
- Klebstoff
- Gummiringe

So geht es

Röhrenknochen zeichnen sich durch geringes Gewicht bei größter Stabilität aus. Die Stabilität einer Röhre gegenüber Verbiegungen lässt sich mit einfachen Modellen zeigen. Die Modelle legt man zwischen Holzklötze oder Bücher und prüft die Belastbarkeit durch Gewichte oder mit einer Federwaage.

1. Ein DIN-A4-Blatt wird um einen Bleistift gerollt und durch Klebstoff oder Gummiringe am Aufrollen gehindert.
2. Ein weiteres gleich großes Blatt wird um eine Stricknadel gerollt.
3. Ein drittes DIN-A4-Blatt wird mehrfach gefaltet und mit Klebstoff vor dem Aufklappen gesichert.

Alle drei Knochenmodelle werden dann quer über zwei Holzklötze oder Bücher gelegt. Mit einem Gewicht oder einer Federwaage prüft man die Belastungsfähigkeit.

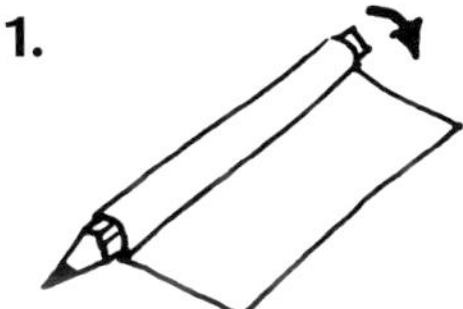

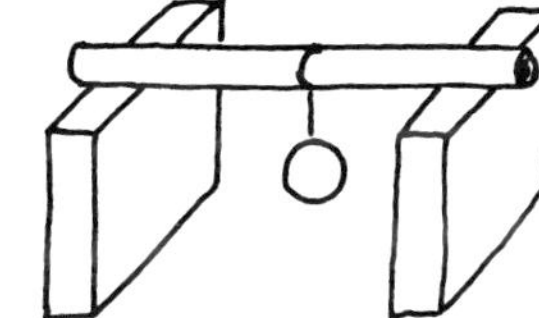

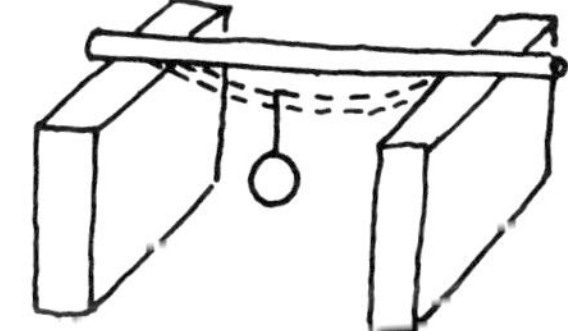

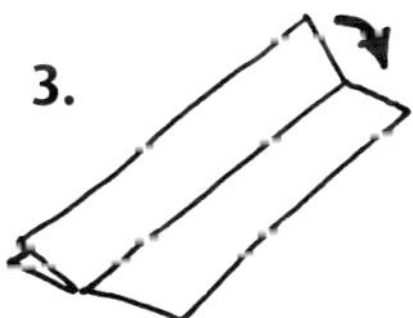

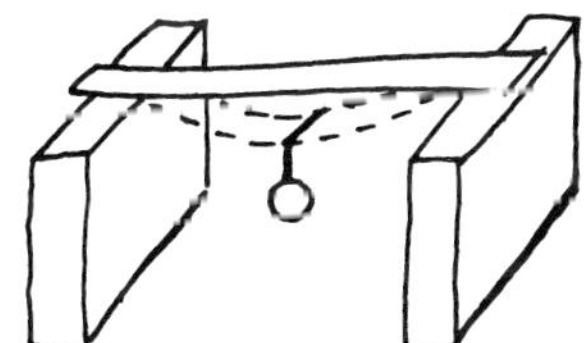

Plattfuß und Normalfuß

Altersstufe

Ab Klasse 5

Benötigtes Material

- Stahlband oder Pappe
- 2 Holzstäbe
- 2 Schrauben oder Nägel
- Gummiband

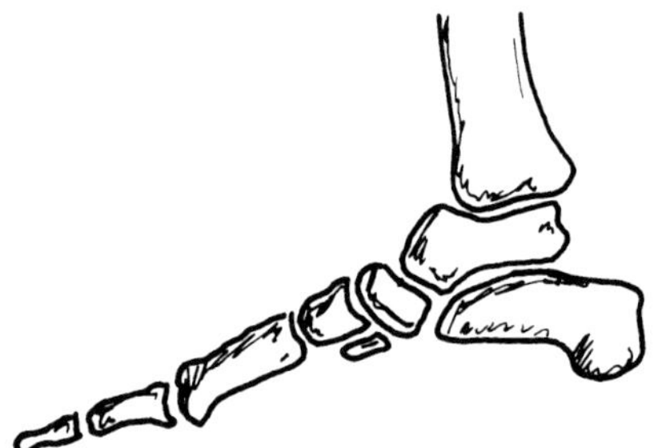

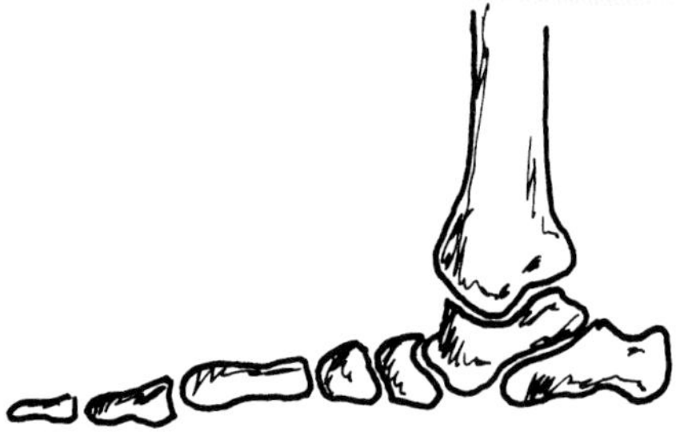

So geht es

Der gesunde Fuß bildet einen federnden Bogen, das Fußgewölbe. Es ist bei geschwächten Fußmuskeln und Sehnen durchgedrückt, ein Plattfuß entsteht. Die Last des Körpers wird dann nicht mehr abgefedert, es kommt zu Schmerzen insbesondere bei zusätzlichen Belastungen.

Aus Stahlband (von Transportkisten), einem Holzstab zum Anschrauben oder Annageln und einem Gummiband kann man Modelle vom gesunden Fuß (Abb. 1) und vom Plattfuß (Abb. 2) herstellen. Streifen aus kräftiger Pappe reichen auch aus.

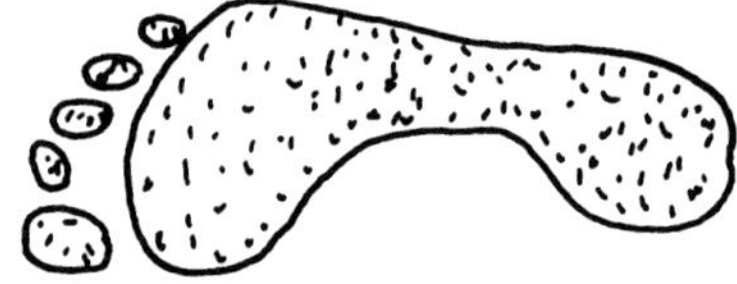

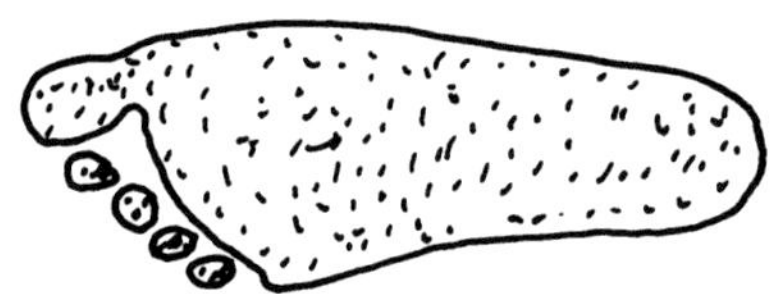

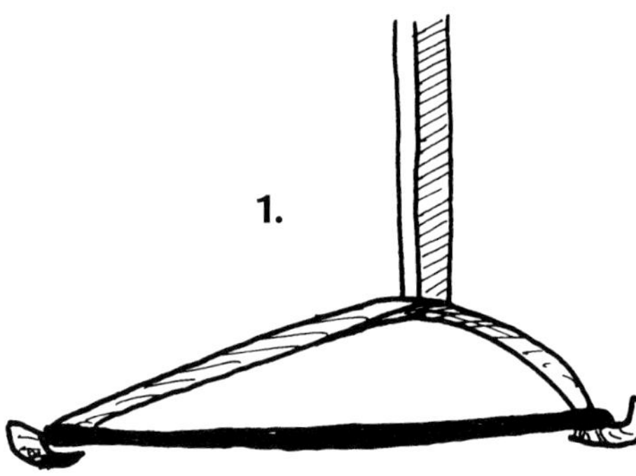

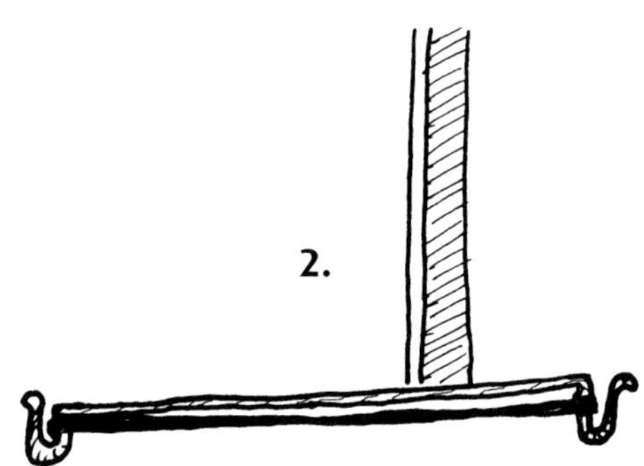

Modell mit Mängeln

Altersstufe

Ab Klasse 5

Benötigtes Material

- Bücher
- Fotokarton
- Gewichte

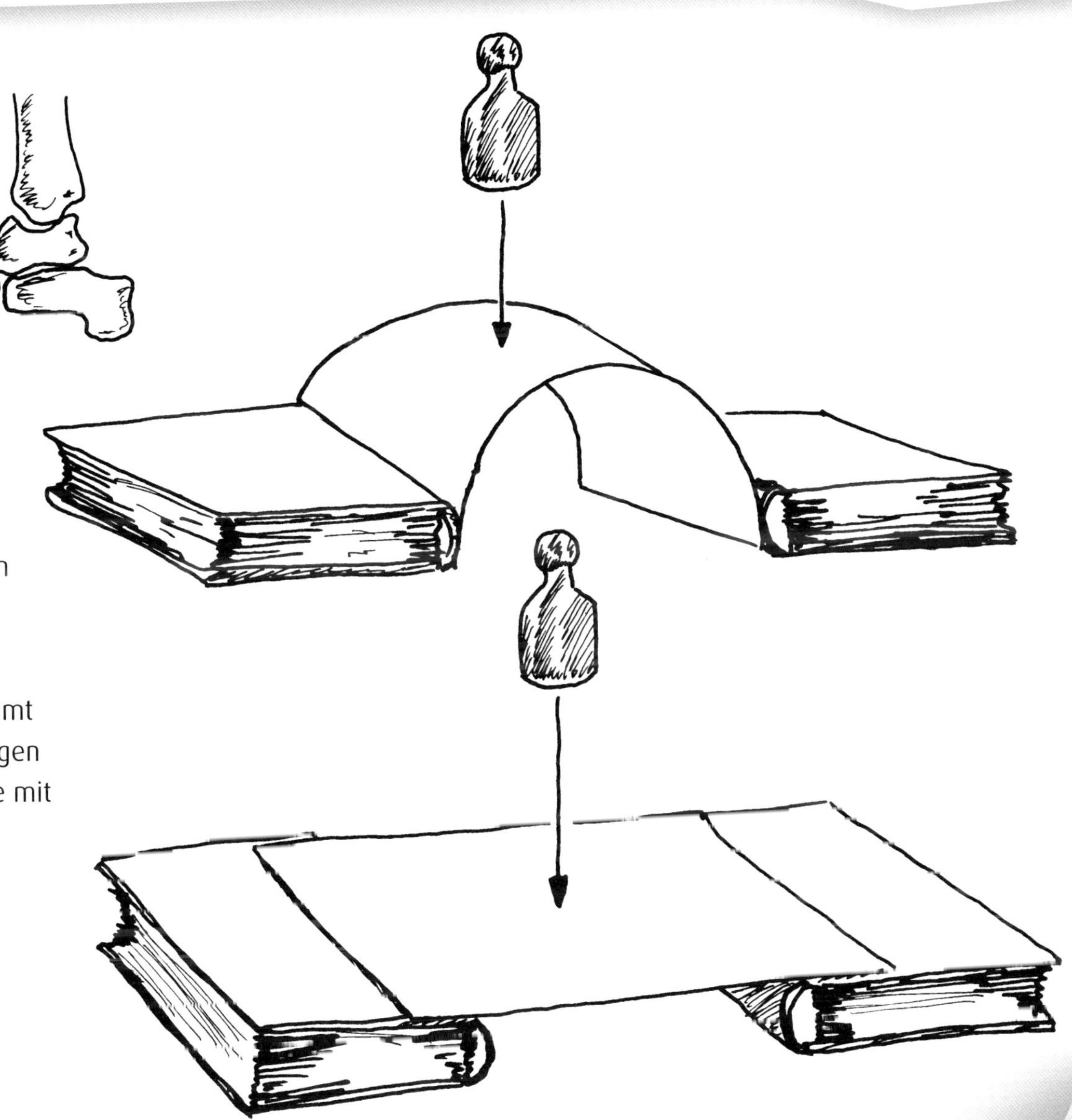

So geht es

Diesem in Schulbüchern oft dargestellten Modell fehlen die Sehnen und Muskeln, die das Fußgewölbe spannen.
Es hat nur einen beschränkten Aussagewert.

Ein Bogen Fotokarton wird gewölbt, zwischen zwei Bücher geklemmt und mit einem Gewicht belastet. Im nächsten Versuch wird der Bogen über zwei Bücher gelegt und nun belastet. Führen Sie die Versuche mit verschiedenen Gewichten durch.

Skelett aus Papier

Altersstufe

Ab Klasse 5

Benötigtes Material

- Zeitungs- oder Packpapier
- Bleistift
- Schere
- Klebestreifen
- Stecknadeln

So geht es

Schüler haben bestimmt ihren Spaß mit einem Skelett aus Pack- oder Zeitungspapier. Die hier abgebildeten Skelettteile werden entsprechend vergrößert auf das Papier übertragen und ausgeschnitten. Man kann das Skelett auf einer Stoffbahn mit Stecknadeln oder auf der Rückseite einer Landkarte vorsichtig mit wieder aufnehmbaren Klebestreifen befestigen.

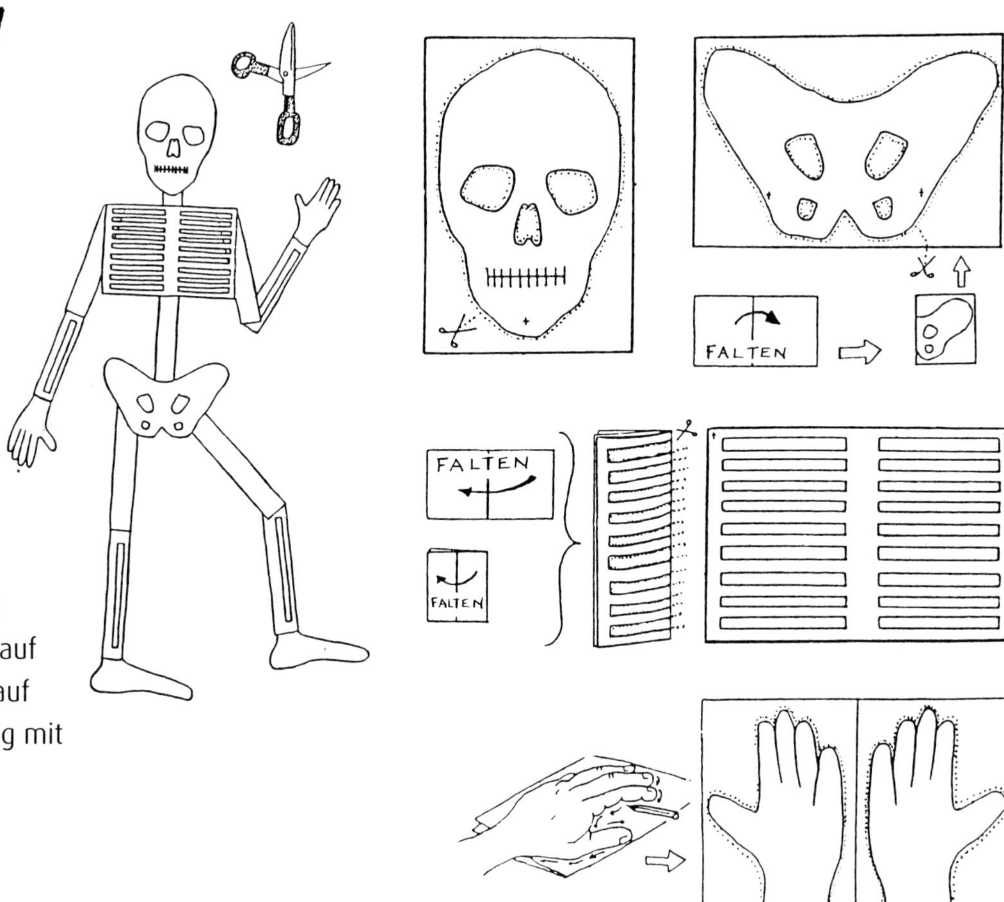

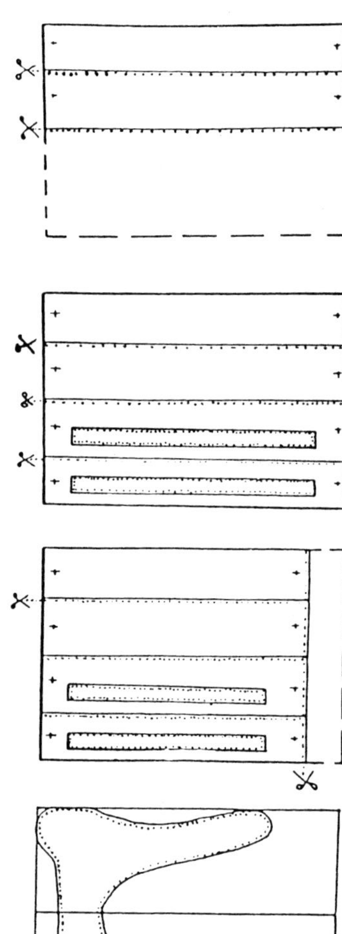

Lage innerer Organe

Altersstufe

Ab Klasse 5

Benötigtes Material

- weiße Pappe/Papier
- Schere
- Farbstifte

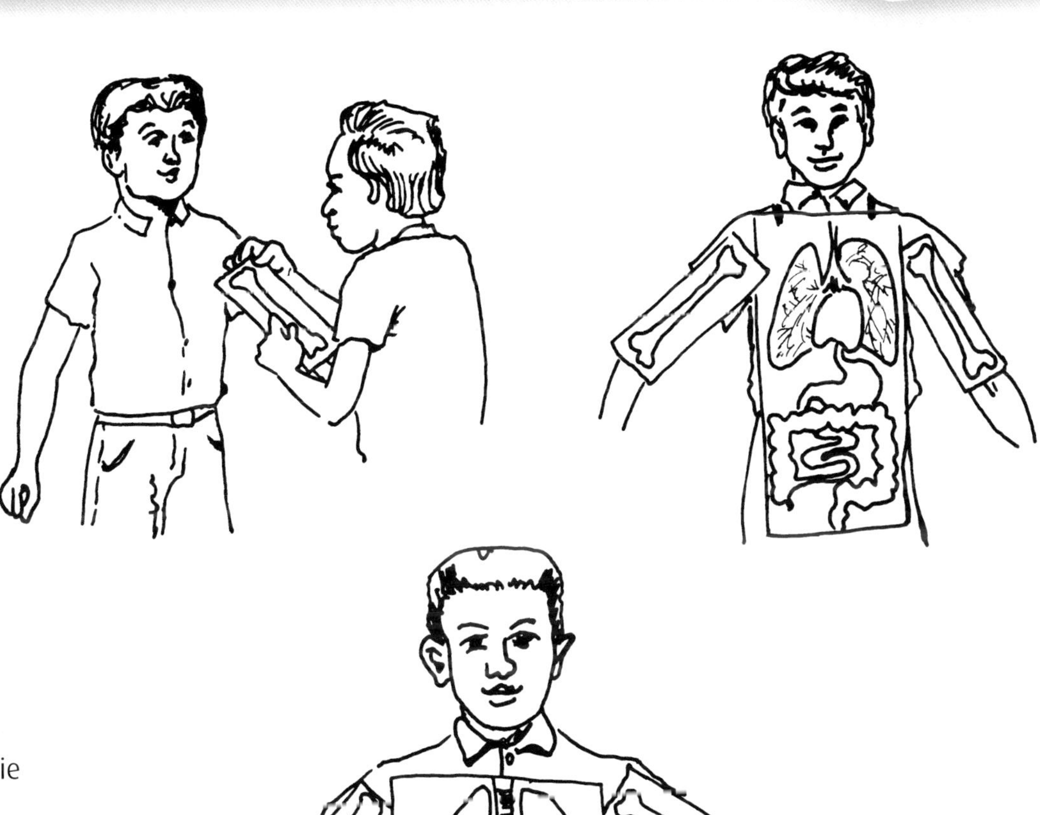

So geht es

Schüler haben oft keine Vorstellungen von der Lage innerer Organe. Lunge, Luftröhre und Herz sind zwar dem Namen nach bekannt, aber wo sie liegen, weiß so recht niemand.

Auf weiße Pappe oder weißes Papier, das auf die Größe von Brustkorb, Rumpf oder Extremitäten zugeschnitten ist, kann man mit Farbstiften die Umrisse der Organe aufzeichnen. Abstraktes wird so anschaulich.

Schwingungen der Stimmbänder

Altersstufe

Ab Klasse 5

Benötigtes Material

- Korken
- Rohr vom Kugelschreiber (gereinigt)
- Fahrradschlauch (gereinigt)
- Heftzwecken

So geht es

Das wichtigste Organ für die Stimmbildung ist der Kehlkopf. Hier liegen die Stimmbänder, zwei mit Schleimhaut überzogene Gewebsfalten. Der Stellapparat für die Stimmbänder besteht aus Stellknorpeln und Muskelbändern. Eine weite Öffnung der Stimmritze durch den Stellapparat erzeugt einen tiefen Ton, eine enge Öffnung einen hohen Ton.

Die Abhängigkeit der Tonhöhe von der Öffnung der Stimmritze kann man im Modellversuch nachstellen.

1. Ein Weinkorken wird durchbohrt und oben wie in Abb. 1 dargestellt zugeschnitten. In den Korken setzt man das Rohr eines Kugelschreibers ein. Aus einem Stück Fahrradschlauch schneidet man die Membran aus. Sie wird über die Öffnung gelegt und mit Heftzwecken fest auf dem Korken angebracht. Auf diese Weise erhält man ein sehr vereinfachtes Modell der Stimmbildung.

2. Man kann im Freihandversuch auch zwei Abschnitte eines sauberen Fahrradschlauches zwischen die Daumen halten und hindurchblasen. Hohe und tiefe Töne erzeugt man auch ohne Fahrradschlauch allein mit Mund und Händen.

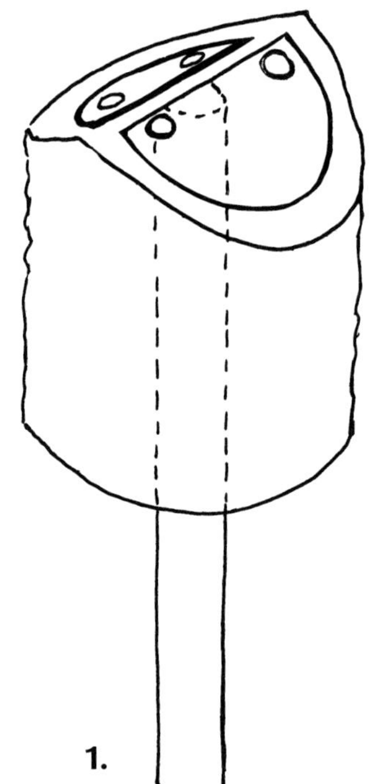

1.

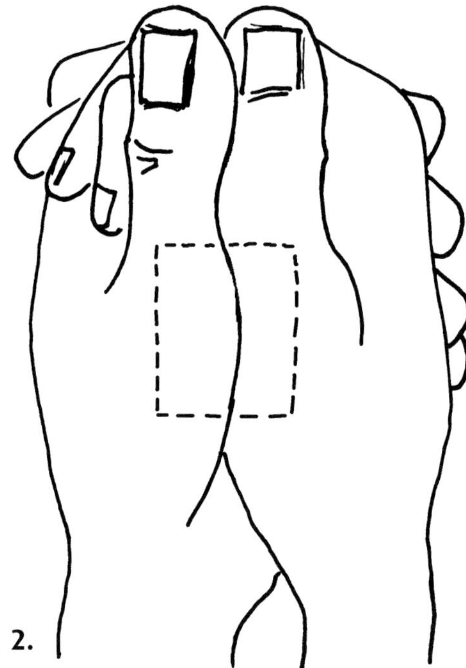

2.

Stellknorpel der Stimmbänder

Altersstufe

Ab Klasse 5

Benötigtes Material

- Holzleisten oder Plastikleisten
- Gummiband
- Musterbeutelklammern oder Schrauben
- Holzbrett oder Pappe

So geht es

Die Stellung der Stimmbandmuskeln wird durch Stellknorpel gerichtet.

Aus Holz (Abb.1) oder Plastikabschnitten (Abb. 2) sind bei diesem Modell die Stellknorpel; das Gummiband entspricht den Stimmbandmuskeln. Die Stellknorpel werden mit Schrauben oder Musterbeutelklammern auf einer Unterlage (Holz oder stabile Pappe) drehbar befestigt.

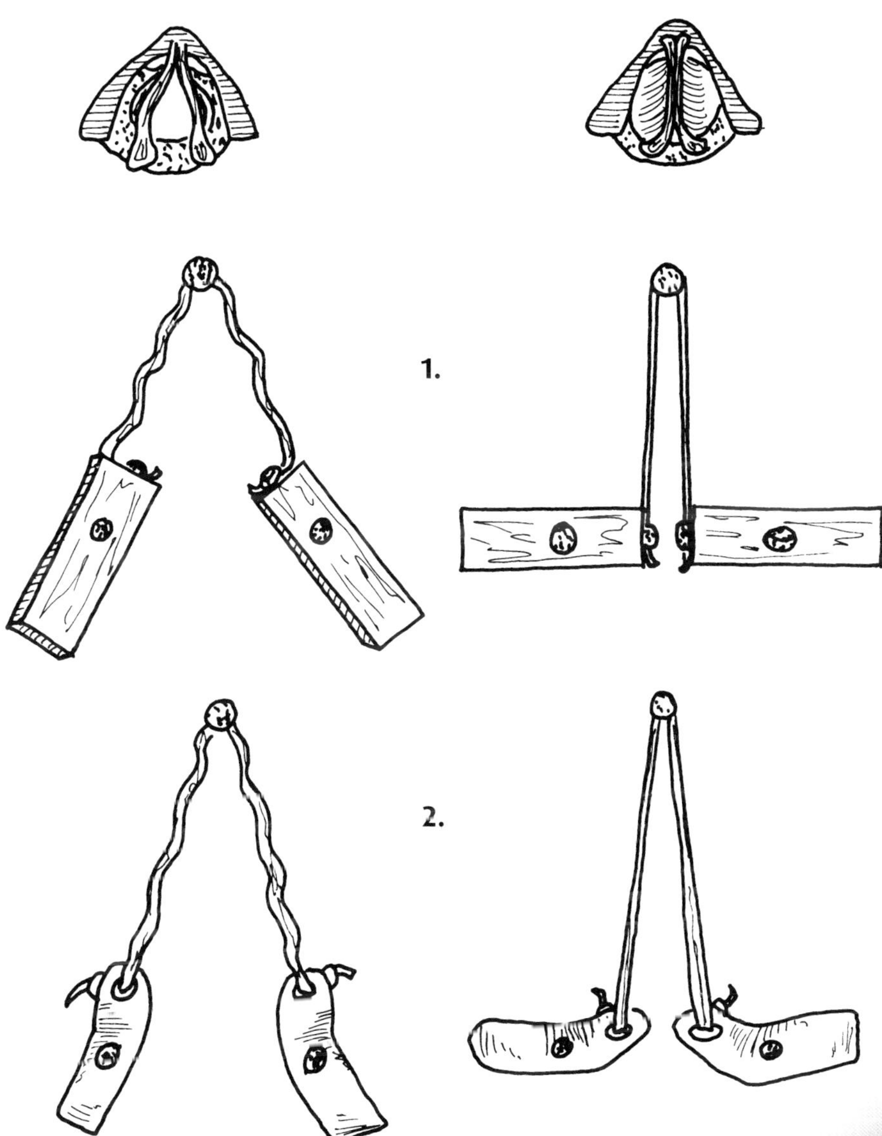

Knorpelspangen der Luftröhre

Altersstufe

Ab Klasse 5

Benötigtes Material

- Pappe oder Fotokarton
- Schere
- Klebstoff
- runder Stab
- Kupferdraht
- Plastikfolie
- Klebeband

So geht es

Die Luftröhre ist durch Knorpelspangen versteift. Dadurch wird die Luftröhre biegsam und sie bleibt im Gegensatz zur Speiseröhre immer offen. Die Wirkung einer Versteifung und die Biegsamkeit kann man auf verschiedene Weise im Modell zeigen.

1. Bei diesem einfachen Modell sind Ringe aus Pappe oder Fotokarton ineinander gestülpt.
2. Um einen runden Stab wickelt man Kupferdraht oder anderen steifen Draht. Die Drahtspirale wird vom Stab abgezogen und mehrmals mit Plastikfolie umwickelt und am Saum mit Klebeband verschlossen. Man vergleicht die Eigenschaften mit denen eines nicht ausgesteiften Schlauches.

Nicht abgebildet ist ein Brauseschlauch mit Ummantelung aus Metall.

1.

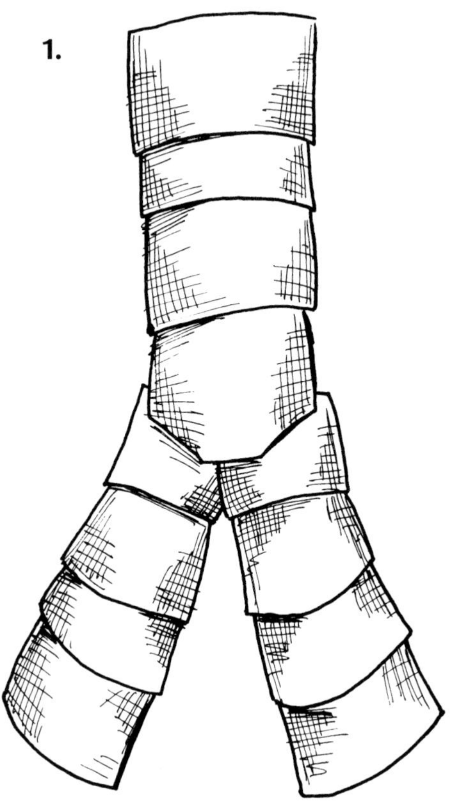

2.

Modell des Gebisses

Altersstufe

Ab Klasse 5

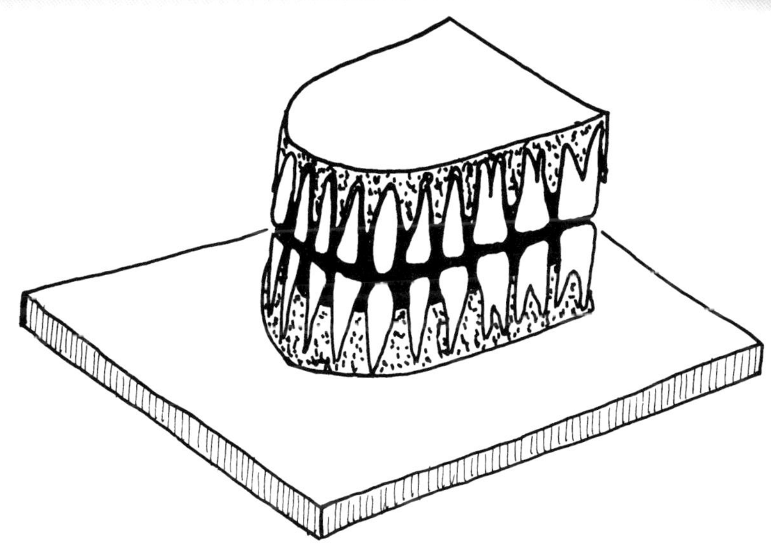

Benötigtes Material

- Papier
- Farbstifte
- Schere/Bastelmesser
- Pappe oder Styropor
- Klebstoff

So geht es

Das Gebiss des Erwachsenen hat in jedem Kiefer 4 Schneidezähne, 2 Eckzähne und 10 Backenzähne.
Das Zahnschema wird auf Papier übertragen und dann auf entsprechend zugeschnittene Pappe oder Styropor geklebt.

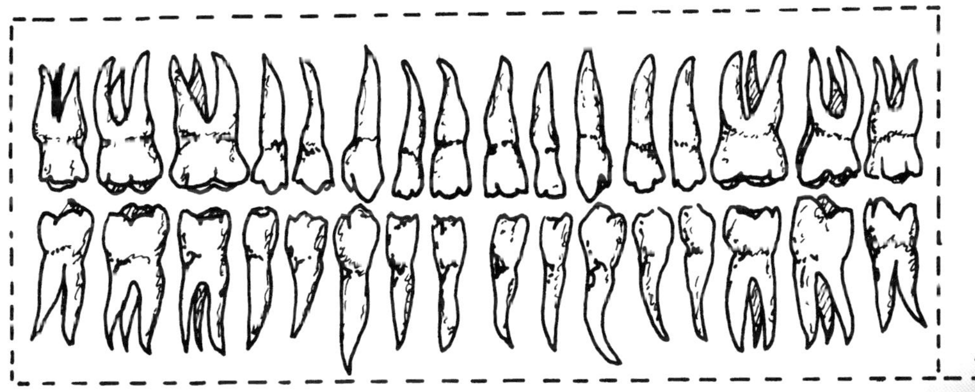

Brustkorbbewegungen beim Atmen

Altersstufe

Ab Klasse 6

Benötigtes Material

- Stöcke
- Kordel
- Holzleisten
- Draht
- Pappe oder Sperrholz
- Musterbeutelklammern oder Schrauben
- Holzbrett

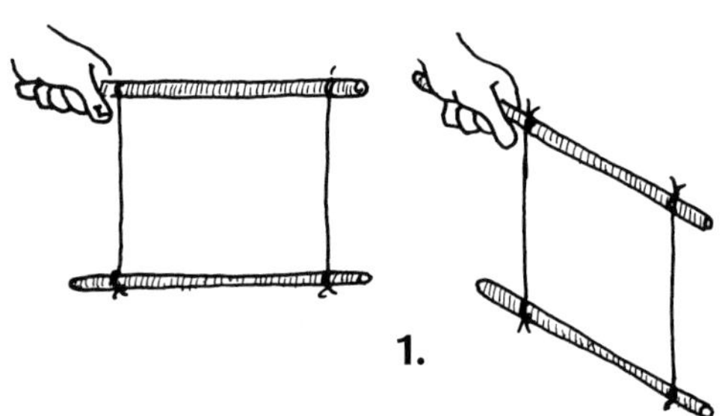

So geht es

Beim Ein- und Ausatmen bewegen sich Rippen und Brustbein. Beim Einatmen hebt sich der Brustkorb, das Volumen wird vergrößert. Beim Ausatmen senkt er sich, das Volumen wird verringert.

1. Für ein ganz einfaches Modell werden zwei Stöcke durch zwei Kordeln miteinander verbunden.
2. Durch eine längere und eine kürzere Holzleiste werden Löcher gebohrt. Durch die Löcher zieht man ringförmig Draht. Die längere Holzleiste befestigt man auf einer stabilen Unterlage.
3. Bei diesem Modell werden die einzelnen Teile entsprechend der Abbildung aus Pappe oder Sperrholz ausgeschnitten bzw. ausgesägt und mit Musterbeutelklammern oder Schrauben verbunden. Das Modell zeigt zusätzlich Bewegungen des Zwerchfelles.

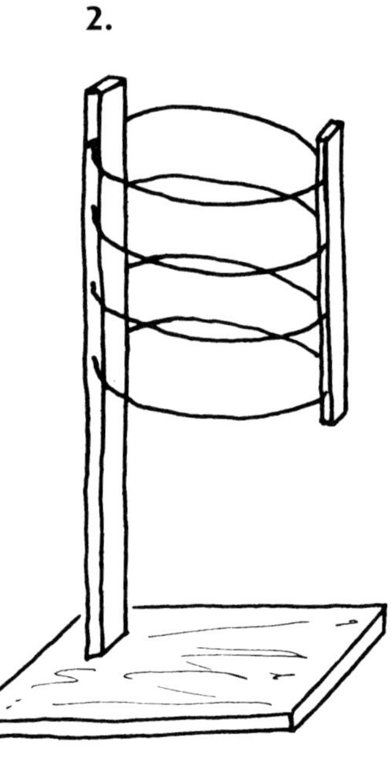

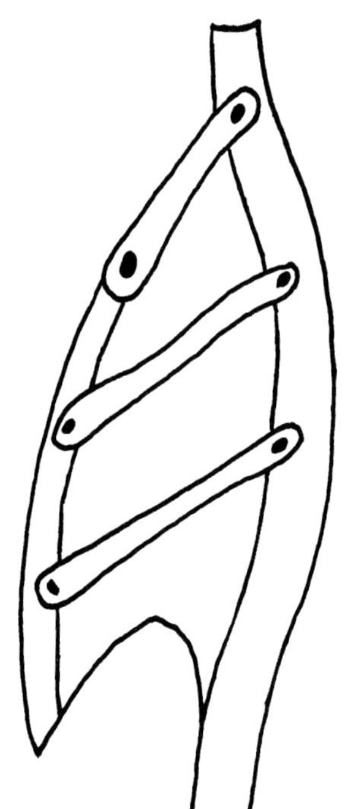

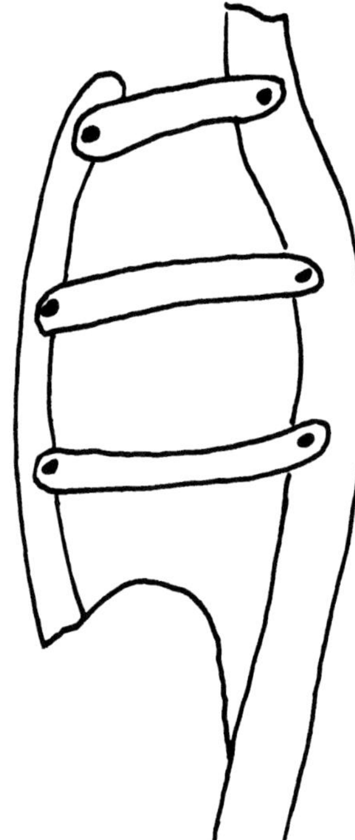

Der Brustkorb beim Atmen

Altersstufe

Ab Klasse 8

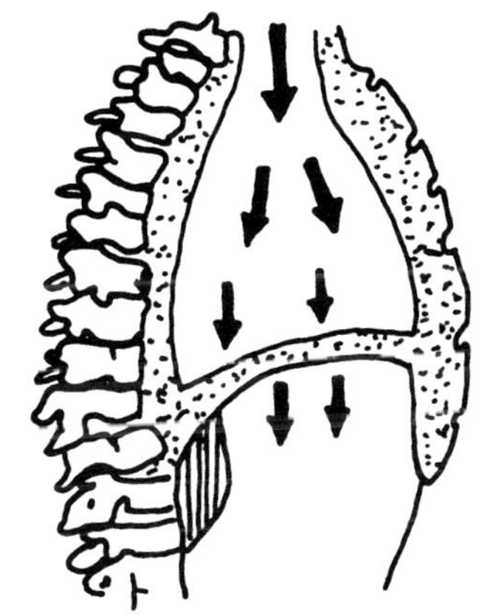

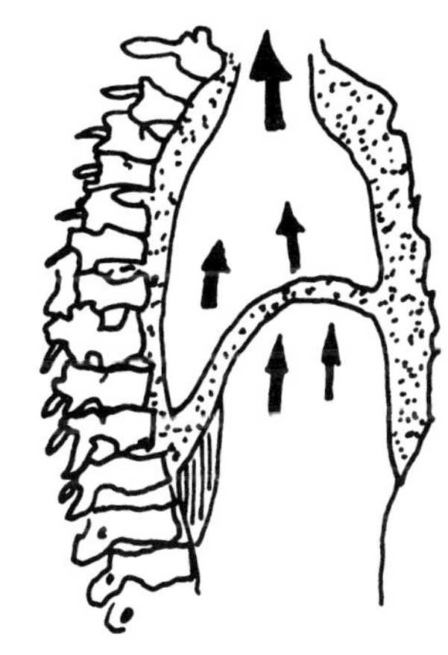

Benötigtes Material

- Pappe
- Musterbeutelklammern
- Farbstifte
- Schere
- Klebstoff

So geht es

Die Veränderung des Brustkorbs beim Ein- und Ausatmen lässt sich mit einem einfachen Modell zeigen. Auf kräftige Pappe (20 x 30 cm) zeichnet man Quadrate. Aus Pappe schneidet man die Wirbelsäule (1,5 x 30 cm) sowie drei weitere Streifen für Brustbein, obere und untere Rippe aus. Diese Teile werden durch Musterbeutelklammern beweglich miteinander verbunden. Dann befestigt man die Wirbelsäule auf der Unterlage. Man zählt nach dem „Ein-" und „Ausatmen" die jeweils mehr als zur Hälfte sichtbaren Quadrate.

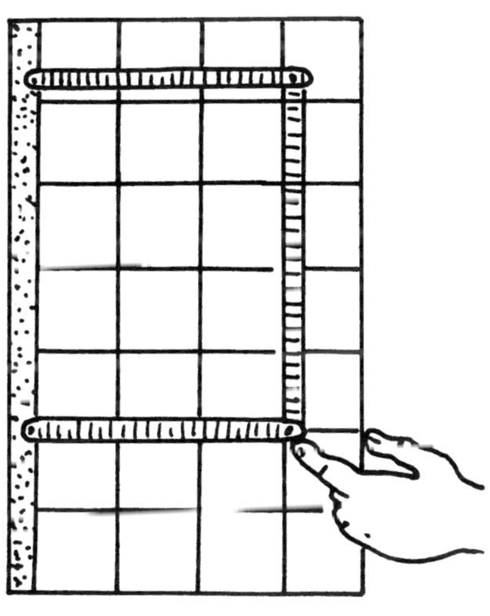

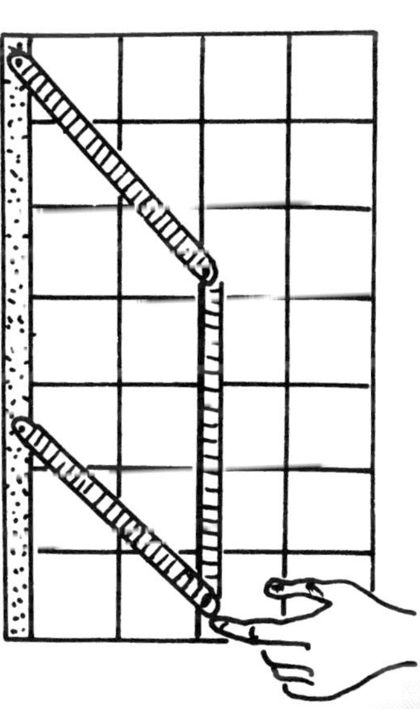

Zwischenrippenmuskeln

Altersstufe

Ab Klasse 6

Benötigtes Material

- Pappstreifen oder Holzleisten
- Gummiband
- Schrauben oder Musterbeutelklammern
- Schere

So geht es

Die Bewegungen des Brustkorbes werden durch Zwischenrippenmuskeln bewirkt. Auch diese Bewegungen erfolgen durch das Zusammenwirken von Muskelpaaren. Während ein Muskel sich zusammenzieht, entspannt sich der Gegenspieler.

Dieses Zusammenwirken von jeweils zwei Muskeln am Beispiel der Brustkorbbewegungen kann man anhand des leicht abgewandelten vorhergehenden Modells aufzeigen. Hierbei entfällt die Unterlage. Die Muskeln sind leicht dehnbare Gummibänder, die entsprechend der Abbildung an fünf durch Schrauben oder Musterbeutelklammern miteinander verbundenen Holzleisten oder Pappstreifen befestigt sind.

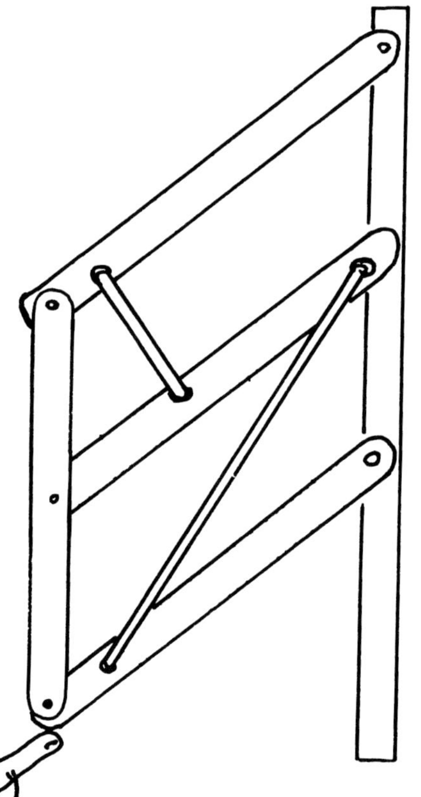

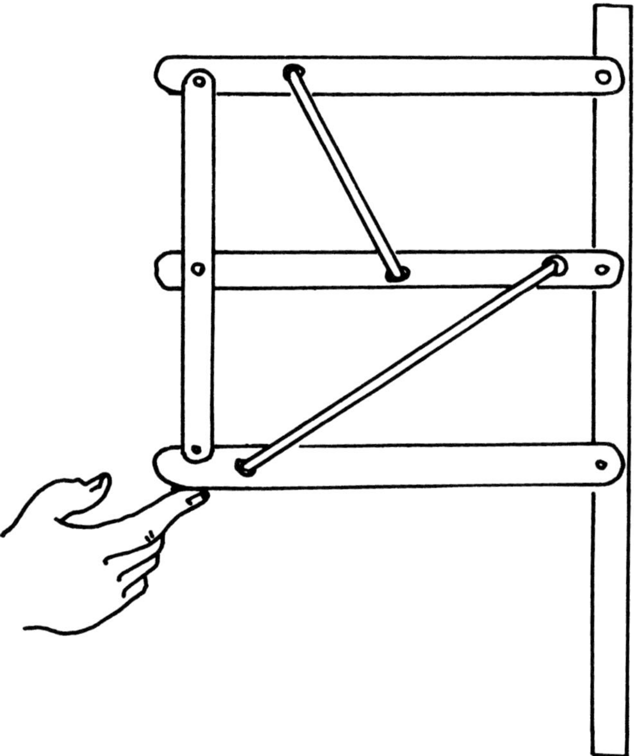

Zwerchfellatmung – einfach

Altersstufe

Ab Klasse 6

Benötigtes Material

- Plastikflasche
- Luftballon
- Plastikfolie
- Gummiring
- Schere/Bastelmesser

So geht es

Die zwei Lungenflügel werden beim Einatmen durch Senken des Zwerchfells gedehnt. Beim Ausatmen hebt sich das Zwerchfell und die Lungenflügel werden zusammengepresst.

Käufliche Modelle besitzen zumeist zwei Lungenflügel aus Luftballons. Das Prinzip des Ein- und Ausatmens kann man vereinfacht mit einer am Boden abgeschnittenen transparenten Plastikflasche zeigen. Ein Luftballon (als Lungenflügel) wird in die Flasche und mit dem Wulst über den Rand gestülpt. Über die Bodenöffnung der Flasche spannt man mit einem Gummiring eine dünne Plastikfolie (als Zwerchfell).

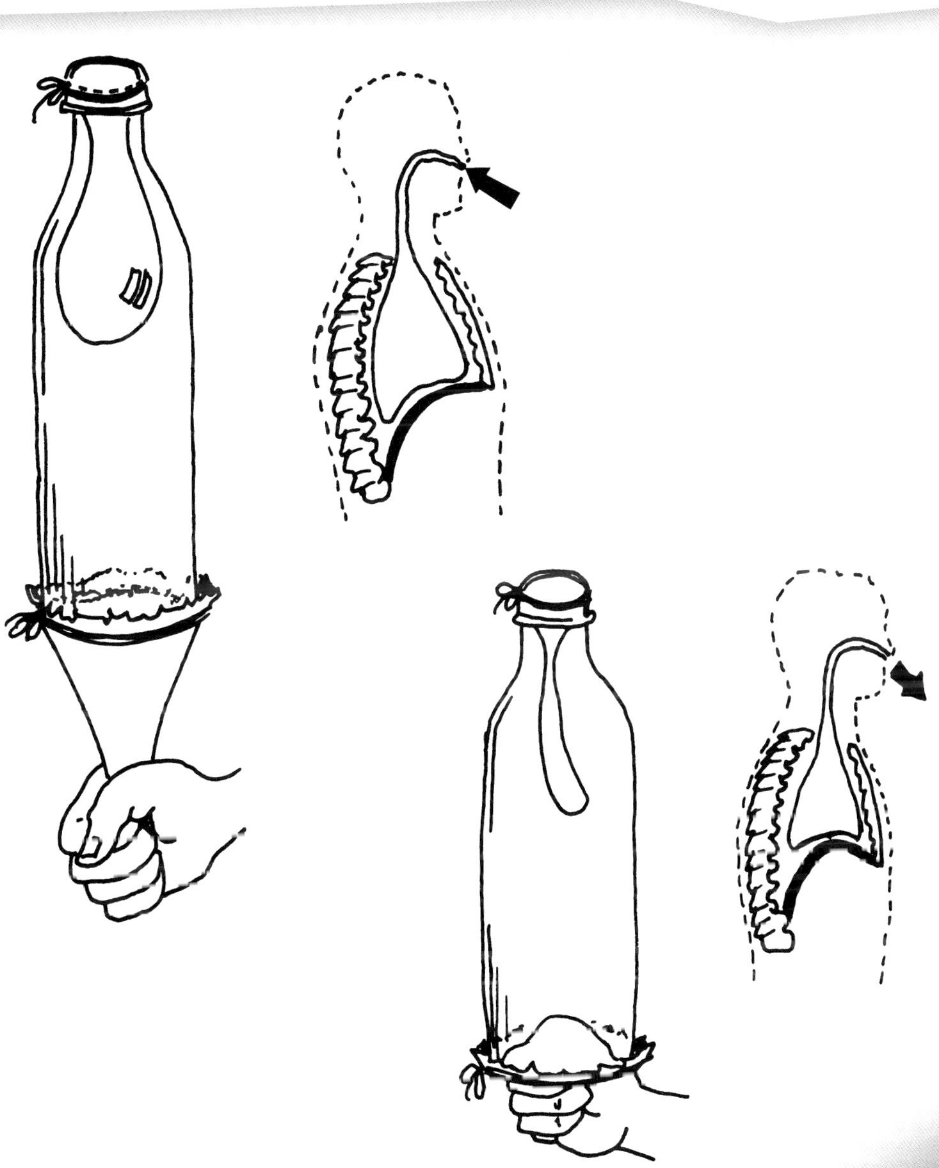

Schlundrinne eines Wiederkäuers

Altersstufe

Ab Klasse 5

Benötigtes Material

- Fahrradschlauch
- Bastelmesser
- Tischtennisball
- Öl

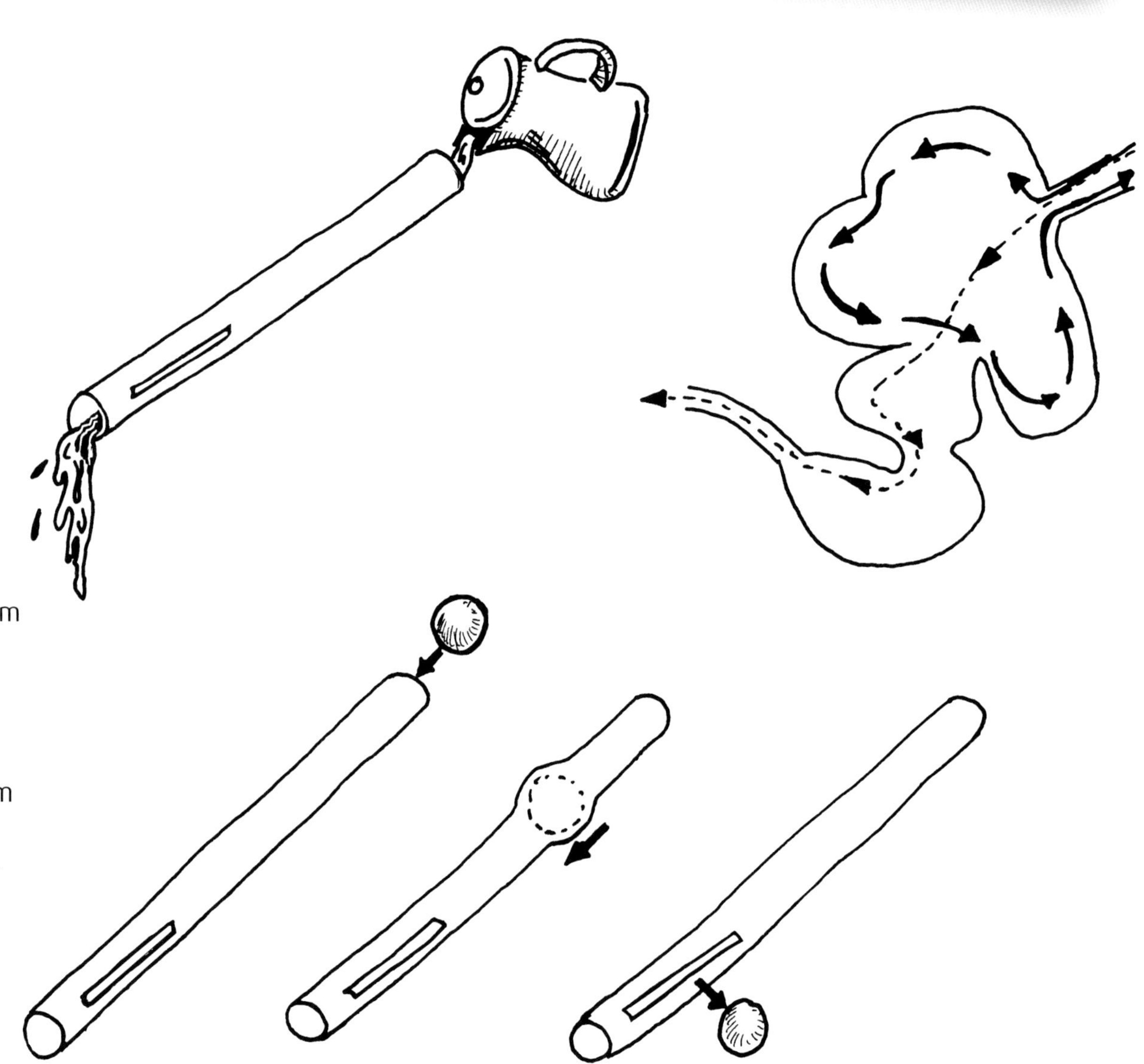

So geht es

Die Schlundrinne bei Wiederkäuern besteht aus zwei Hautfalten am Mageneingang. Diese Falten öffnen sich beim Durchgang grober Nahrung zum Pansen hin. Flüssige und wiedergekäute Nahrung wird direkt in den Blättermagen geleitet.

Der Abschnitt eines alten Fahrradschlauches wird mit einem Schlitz versehen. Presst man einen mit Öl gleitfähiger gemachten Tischtennisball durch den Schlauch, so springt der Ball durch den Schlitz heraus, während Flüssigkeiten weitergeleitet werden.

Verweildauer im Darm

Altersstufe

Ab Klasse 5

Benötigtes Material

- Plastikflaschen
- Plastikschläuche
- Trichter
- Gefäße
- Papier, Klebstoff, Farbstifte (zur Dekoration)

So geht es

Die unterschiedliche Darmlänge von Säugern führt auch zu einer unterschiedlichen Verweildauer der Nahrung im Darm.

In Plastikflaschen (als Körper) führt man unterschiedlich lange, dünne Plastikschläuche ein und bestimmt die Durchflussgeschwindigkeit gleicher Wassermengen. Im Freihandversuch genügen unterschiedlich lange Schläuche.

Oberflächenvergrößerung im Darm

Altersstufe

Ab Klasse 5

Benötigtes Material

- Wellpappe
- Klebstoff

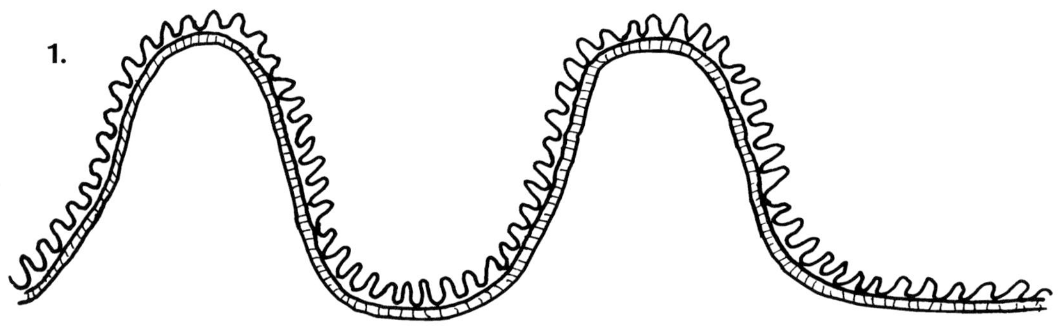

So geht es

Die Aufnahmeleistung des Dünndarms für Nährstoffe wird durch Ringfalten, Zotten und Mikrozotten gesteigert. Diese Oberflächenvergrößerung kann man mit einfachsten Mitteln veranschaulichen.

1. Man schneidet aus einseitig beklebter Wellpappe einen Streifen und schiebt diesen zusammen. Es entstehen Falten; auf den Falten befinden sich die Zotten. Man kann nun die Zotten von der Unterlage lösen, ausstrecken und dann die gesamte Oberfläche ausmessen.
2. Man kann aus dieser Wellpappe auch einen Querschnitt durch das Darmrohr herstellen.

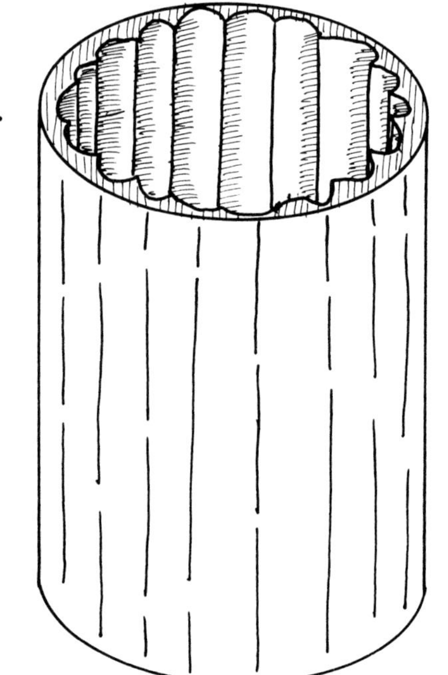

Peristaltik mit Fahrradschlauch

Altersstufe

Ab Klasse 5

Benötigtes Material

- Fahrradschlauch
- Tischtennisball

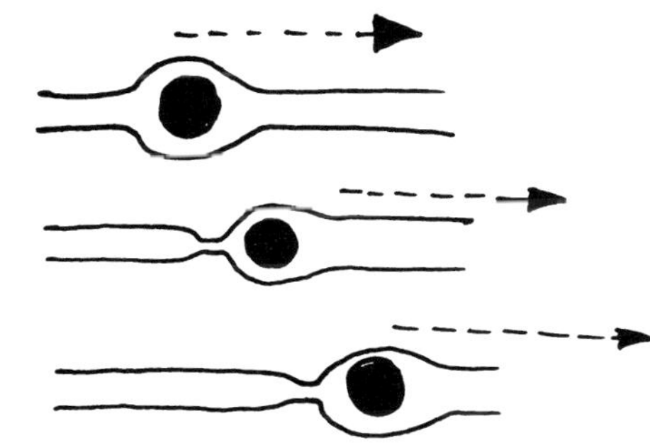

So geht es

Im Darm treiben peristaltische (wellenförmig fortschreitende) Bewegungen den Speisebrei weiter. Es handelt sich um wellenförmige Kontraktionen von Ringmuskeln, wie sie auch in der Speiseröhre erfolgen.

In den Abschnitt eines Fahrradschlauches wird ein kleiner Ball gesteckt und durch Kontraktionen der Hand langsam vorwärts bewegt. Etwas Öl macht ihn gleitfähiger. Dieses Modell zeigt nur die Wirkung der Ringmuskeln.

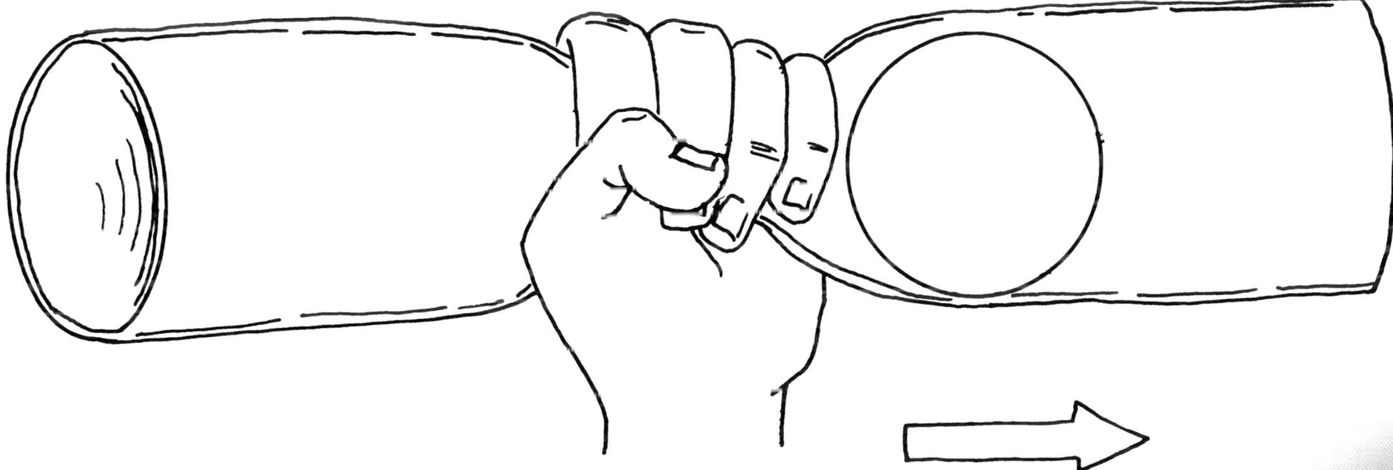

Verdauungssystem – verfremdet

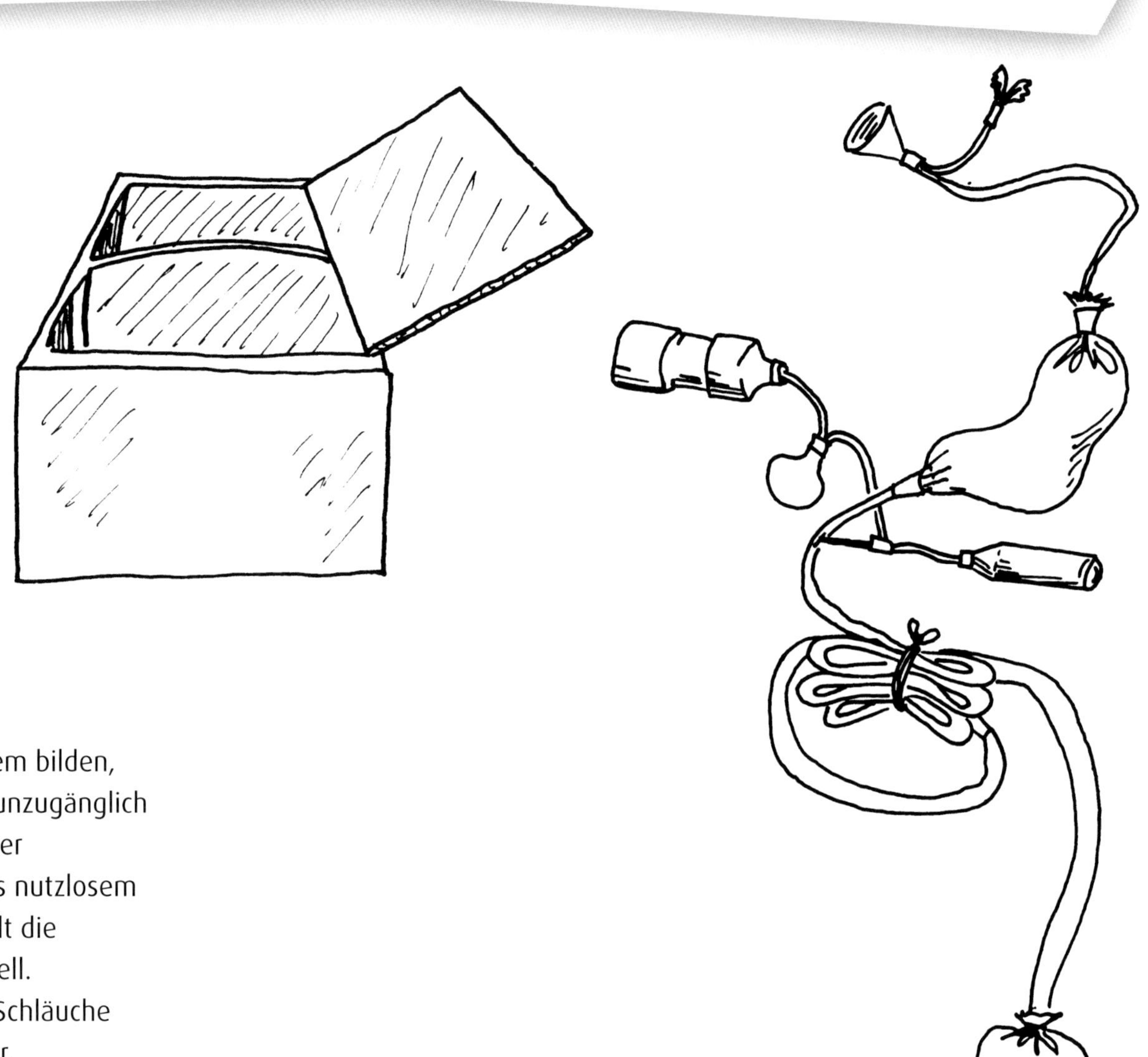

Altersstufe

Ab Klasse 6

Benötigtes Material

- Pappkarton
- verschiedene Schläuche
- Plastikflaschen
- Trichter
- Plastikbeutel
- Kordel
- Glühbirnen

So geht es

Welche Organe zwischen Mund und After das Verdauungssystem bilden, ist oft sprachlich bereits schwer erfassbar und natürlich völlig unzugänglich für das „Be-greifen" mit den Händen. Die Schüler haben in einer Projektwoche oder bei anderer Gelegenheit sicherlich Lust, aus nutzlosem Abfall ein Verdauungssystem herzustellen. Ein Pappkarton stellt die Umrisse des Rumpfes dar, eine Unterteilung darin das Zwerchfell.
Die übrigen benötigten Materialien sind leicht zu bekommen: Schläuche verschiedener Länge und Durchmesser, Plastikflaschen, Trichter, Plastikbeutel, Glühbirne und Kordel.

Darmlängen legen

Altersstufe

Ab Klasse 5

Benötigtes Material

- Kordel oder Wolle
- Kreide

So geht es

Von der absoluten Länge des Darmes von Fleisch- und von Pflanzenfressern können sich Schüler oft keine Vorstellung machen. Die Zahlen werden ihnen mitgeteilt und meist sofort wieder vergessen.
Einige Darmlängen:
Katze 2,1 m, Hund 4,8 m, Mensch 7,5 m,
Schwein 24 m, Pferd 30 m,
Schaf und Ziege 32 m, Rind 57 m.

Man kann die entsprechenden Längen an Kordel oder Wolle abmessen und sie in die Umrisszeichnung eines auf den Boden gezeichneten Menschen oder eines Tieres auf dem Boden legen. Anschließend streckt man den Faden, um einen Eindruck von der absoluten Länge zu vermitteln.

Kohlenhydrate

Altersstufe

Ab Klasse 9

Benötigtes Material

- Büroklammern
- Kronenkorken
- Toilettenpapier

So geht es

Kohlenhydrate sind entweder Einfachzucker oder Vielfachzucker, die aus Verbindungen von mehreren Einfachzuckern entstanden sind. Vielfachzucker können verzweigt oder unverzweigt sein. Die Ketten werden von Enzymen in Einfachzucker zerlegt.

Kronenkorken oder Büroklammern kann man aneinanderreihen, um Einfach-, Doppel- und Vielfachzucker anschaulich darzustellen. Auch Toilettenpapier eignet sich für ein einfaches Modell.

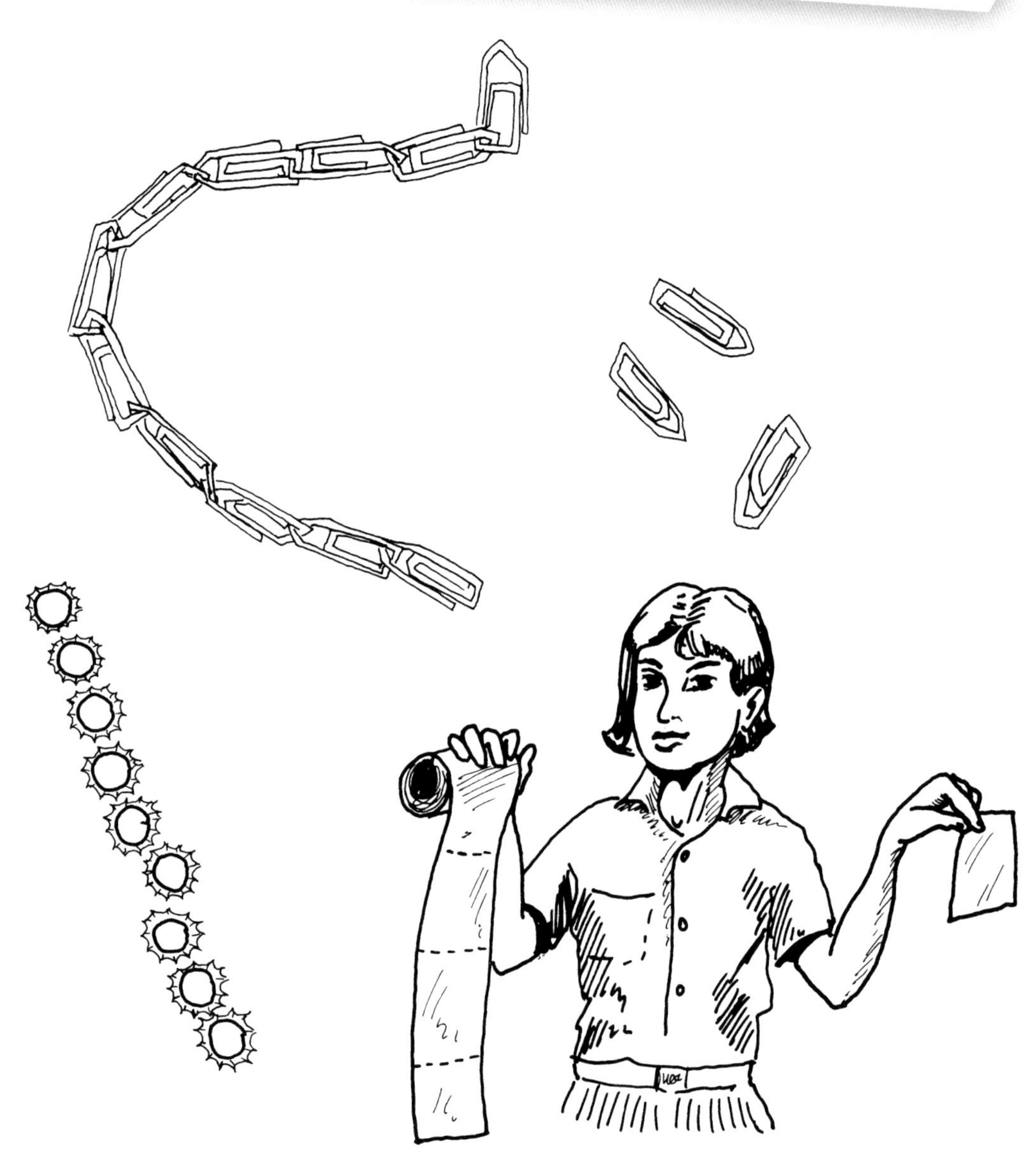

Enzymwirkung

Altersstufe

Ab Klasse 9

Benötigtes Material

- Kronenkorken
- Perlen
- Bindfaden/Kordel
- Papier
- Schere

So geht es

Enzyme sind Eiweißverbindungen, die biochemische Vorgänge ermöglichen oder beschleunigen. U.a. spalten und bilden Enzyme die Kettenmoleküle der Kohlenhydrate. Sie besitzen ein aktives Zentrum und sind zumeist größer als das umgesetzte Substrat.

Anschauliche Darstellungen sind z.B. aneinandergereihte Kronenkorken, Personenketten oder Perlenschnüre, die von „Enzymen“ zerlegt werden.

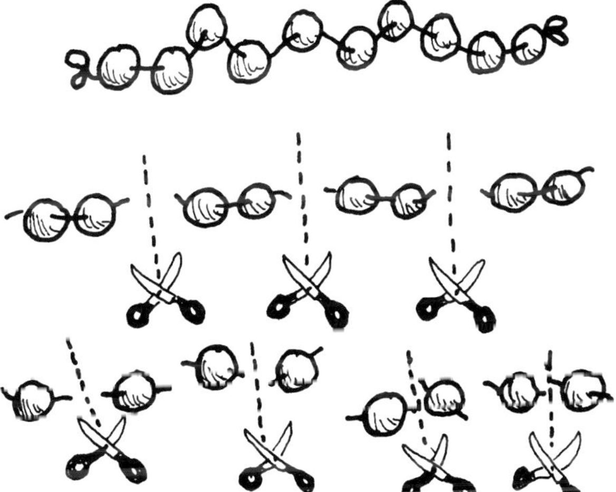

Eiweiße

Altersstufe

Ab Klasse 9

Benötigtes Material

- Pappe
- Schere
- Kronenkorken
- Farbstifte
- Kordel

So geht es

Eiweiße sind Kettenmoleküle, an deren Aufbau 21 verschiedene Grundbausteine, Aminosäuren, beteiligt sind. Auch die Eiweiße werden durch spezifische Enzyme gespalten.

Aus Pappdreiecken, Kronenkorken oder anderen Gegenständen kann man ein Proteinmolekül zusammensetzen. Die einzelnen Aminosäuren werden mit Nummern von 1–21 bezeichnet.

Fette

Altersstufe

Ab Klasse 9

Benötigtes Material

- Pappe
- Farbstifte
- Schere

So geht es

Fette sind Moleküle, in denen ein Glycerinmolekül mit drei Fettsäuremolekülen verestert ist. Dies sind die Triglyceride. In Mono- und Diglyceriden ist das Glycerin nur mit einem bzw. zwei Fettsäuremolekülen verestert.

Dieses Modell eines Fettmoleküls kann man auf Pappe aufzeichnen, ein- oder mehrfarbig anlegen und ausschneiden.

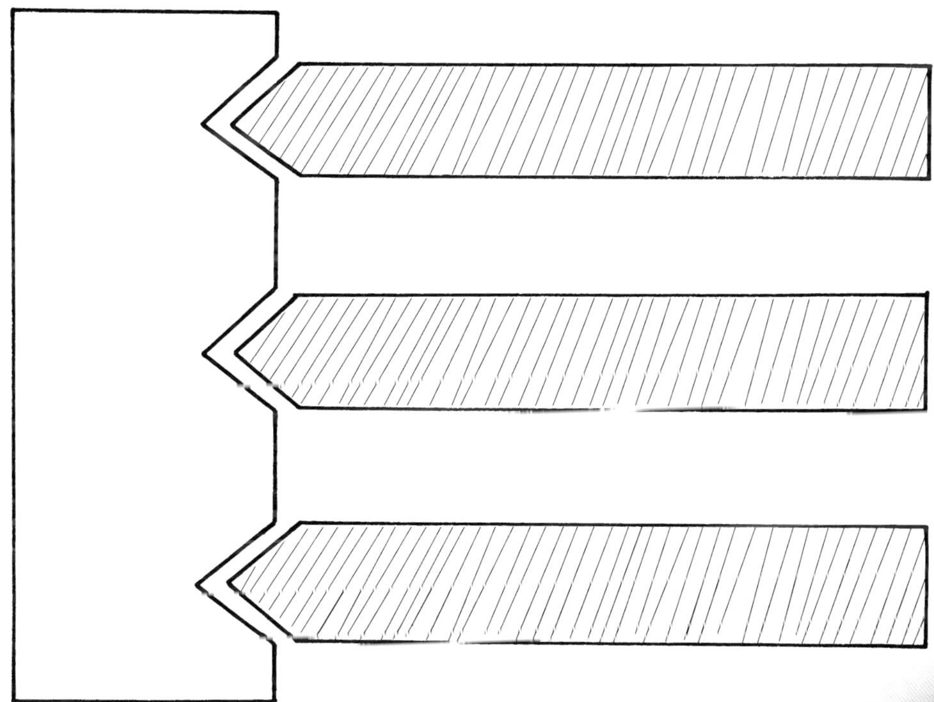

Bindungen spielen

Altersstufe

Ab Klasse 8

Benötigtes Material

Kein besonderes Material erforderlich.

So geht es

Die Bindungslehre ist ein abstraktes Thema.
Anfängern kann man das Thema spielerisch durch Darstellung mit Personen nahe bringen. Wasserstoff, Sauerstoff und Wasser sind ein Thema, Polymere oder die Spaltung von Molekülketten weitere.
Die Schüler werden bestimmt ihren Spaß an solchen Modellvorstellungen haben.

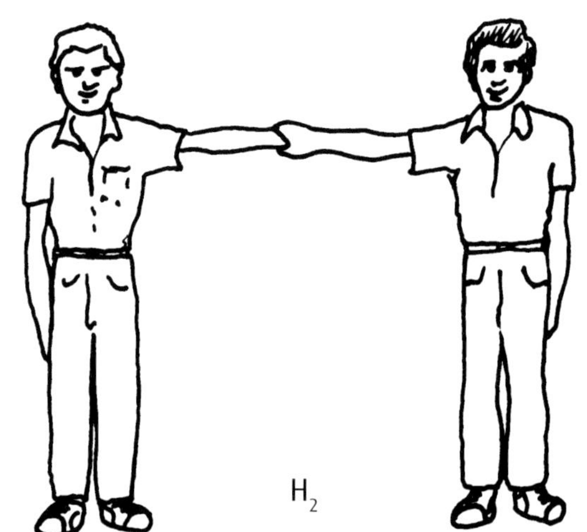

Strukturformeln üben

Altersstufe

Ab Klasse 9

Benötigtes Material

- Kronenkorken
- Kugelschreiber oder wasserfeste Filzstifte
- Streichhölzer

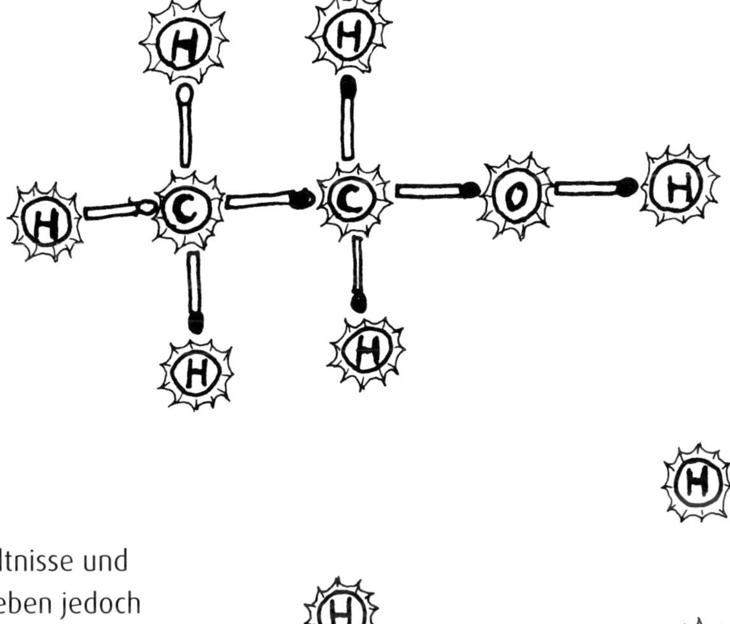

So geht es

Mit Strukturformeln lassen sich die Bindungsverhältnisse und damit der Bau eines Moleküls verdeutlichen, sie geben jedoch nicht die räumliche Anordnung der Atome im Molekül wieder.

Auf die Dichtung von Kronenkorken schreibt man mit verschiedenfarbigen Kugel- oder Filzschreibern die Elementsymbole. Streichhölzer, am besten ohne Köpfe, stellen die Bindungen dar. So lassen sich mit einfachen Mitteln Strukturformeln anschaulich üben.

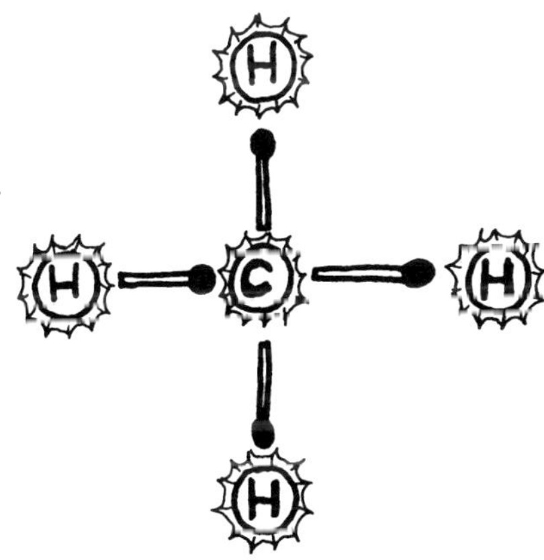

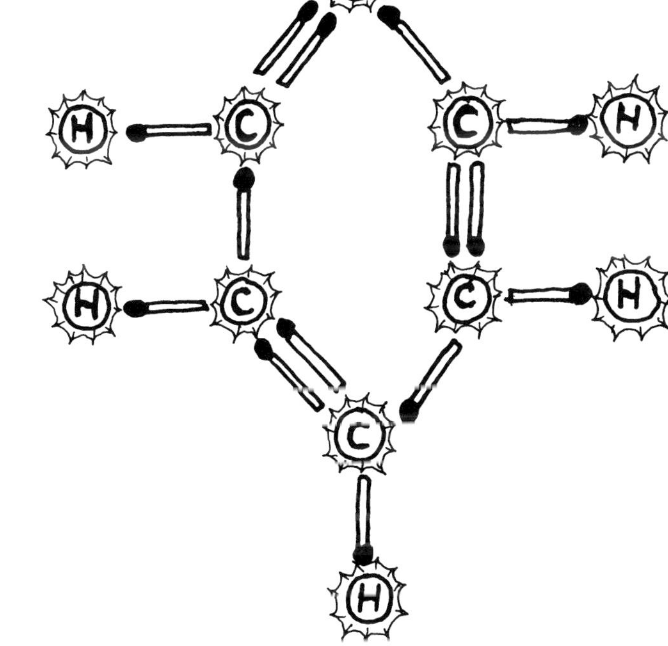

Konzentrationsausgleich

Altersstufe

Ab Klasse 8

Benötigtes Material

- Teller oder Plastikflasche
- Erbsen
- Linsen

So geht es

Kleinste Teilchen haben eine Eigenbewegung.
Die selbstständige Durchmischung und damit den Konzentrationsausgleich bezeichnet man als Diffusion.

In einen Teller oder in eine Plastikflasche schüttet man nacheinander z.B. Erbsen und Linsen. Danach wird durch Schütteln der Konzentrationsausgleich hergestellt.

Brown'sche Bewegung

Altersstufe

Ab Klasse 9

Benötigtes Material

Kein besonderes Material erforderlich.

So geht es

Die Brown'sche Bewegung mikroskopisch kleiner suspendierter Teilchen (z.B. Tuscheteilchen) kommt dadurch zu Stande, dass Lösungsmittelmoleküle (z.B. Wasser) Impulse auf die suspendierten Teilchen übertragen und damit zu einer zitternden Bewegung der Teilchen führen. Die Brown'sche Bewegung ist ein Hinweis auf die Existenz kleinster Teilchen.

Das kann man spielen. Der Erwachsene stellt ein suspendiertes Teilchen dar und die Kinder die sich bewegenden Lösungsmittelmoleküle

Lösung von Salzen

Altersstufe

Ab Klasse 9

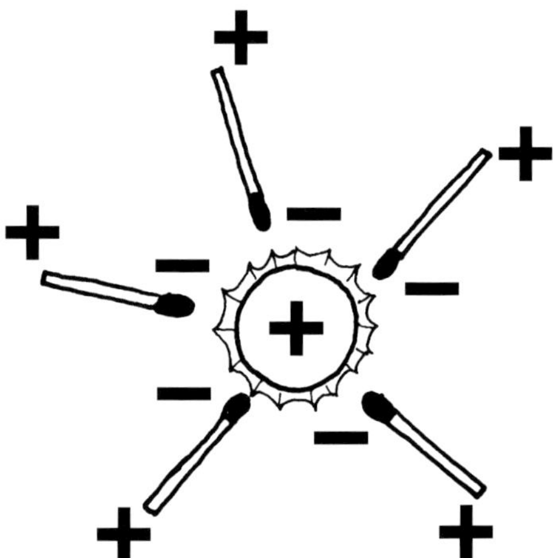

Benötigtes Material

- Kronenkorken
- Streichhölzer
- Pappkärtchen
- Farbstifte

So geht es

Beim Lösen von Salzkristallen treten Anziehungskräfte zwischen den positiv und den negativ geladenen Ionen an der Oberfläche des Kristalls und den Wasserdipolen auf. Daduch werden die Ionen aus dem Kristall herausgelöst und vollständig von Wassermolekülen umgeben.

Das kann man mit beschrifteten Kronenkorken und Streichhölzern oder mit beschrifteten Pappkärtchen (jeweils als Dipole) üben.

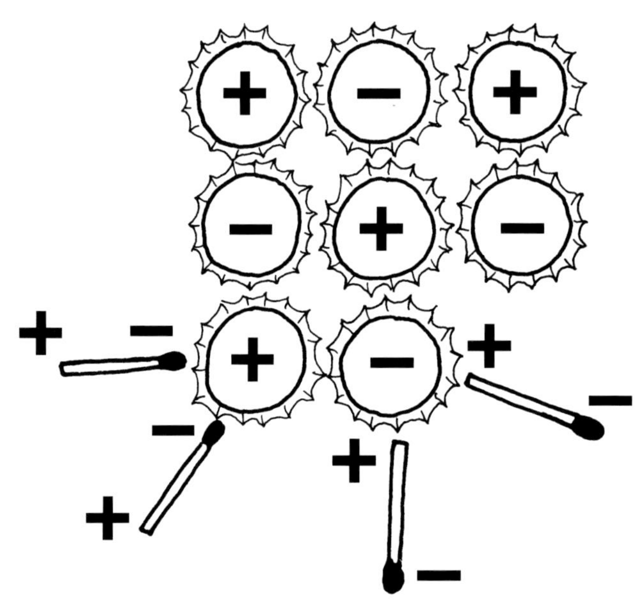

Lösungen spielen

Altersstufe

Ab Klasse 9

Benötigtes Material

Kein besonderes Material erforderlich.

So geht es

Löst man Kochsalz oder Zucker in Wasser, so lassen sich die einzelnen Bestandteile der gelösten Stoffe auch unter dem Mikroskop nicht mehr erkennen.

Anfängern kann man dies mit einem Vergleich anschaulich machen: Eine geordnete Gruppe läuft in eine größere Gruppe und löst sich darin auf. Dabei sind die Einzelpersonen der kleineren Gruppe von Personen der größeren umgeben. Die geordnete Gruppe hat sich aufgelöst. Ein ähnlicher Vergleich lässt sich für die Entstehung eines heterogenen Gemisches finden.

Diffusion und Osmose

Altersstufe

Ab Klasse 9

Benötigtes Material

- Marmeladenglas
- Netz
- Plastikbeutel
- Gummiband
- Einkaufsnetz
- Erbsen, Reis, Nüsse, Obst

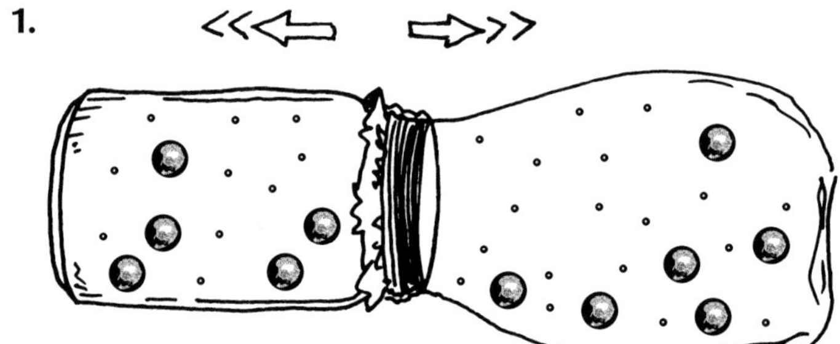

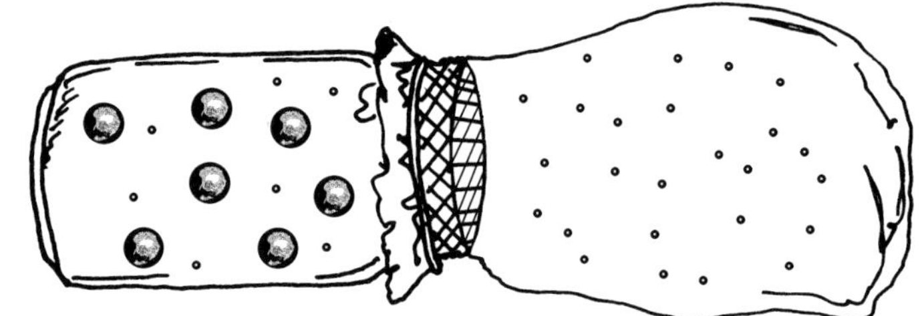

So geht es

Diffusion ist die Bewegung eines Teilchens von einem Ort höherer zu einem Ort niedrigerer Konzentration dieser Teilchenart. Diffusion durch eine semipermeable Membran heißt Osmose.

Man schüttet Erbsen und Reiskörner in ein Marmeladenglas. Über dessen Öffnung wird mit einem Gummiband ein durchsichtiger Plastikbeutel befestigt.

1. Beim Schütteln können sich die Samen aus dem Glas ungehindert in den Beutel und zurück bewegen.
2. Spannt man jedoch über das Glas ein Netz, so werden nur die Reiskörner hindurchgelassen.
3. Auch ein Einkaufsnetz ist semipermeabel, nämlich permeabel für Erbsen und Nüsse und nicht permeabel für Orangen.

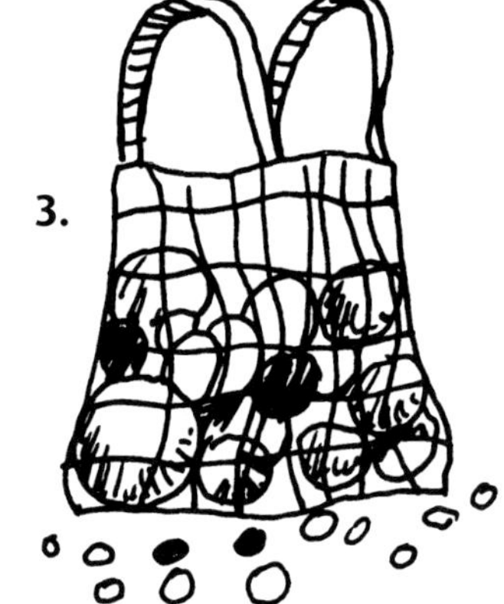

Aktiver Transport

Altersstufe

Ab Klasse 9

Benötigtes Material

- Pappe
- Streichholzschachteln
- Kronenkorken
- Erbsen
- Farbstifte
- Schere
- Klebstoff
- Musterbeutelklammern

So geht es

Diffusion erfolgt nur mit einem Konzentrationsgefälle. Aktiver Transport ist mit Energieaufwand verbunden und kann gegen ein Konzentrationsgefälle erfolgen. Den aktiven Transport besorgen Membranproteine (Carrier), die jeweils nur ganz bestimmte Moleküle oder Ionen transportieren.

1. Einige Streichholzschachteln werden in einer Reihe mit jeweils einem erbsenbreiten Spalt dazwischen angeordnet. Diese Zwischenräume können nur die Erbsen oder kleinere Teilchen passieren. In die Schachteln werden zur Demonstration des aktiven Transportes Kronenkorken auf der einen Seite eingelegt und durch Schieben auf die andere Seite transportiert. Größere Körper passen nicht in die Schachtel.
2. Ein anderes Modell hat eine drehbare Scheibe mit Ausschnitten für bestimmte Körperformen.

1.

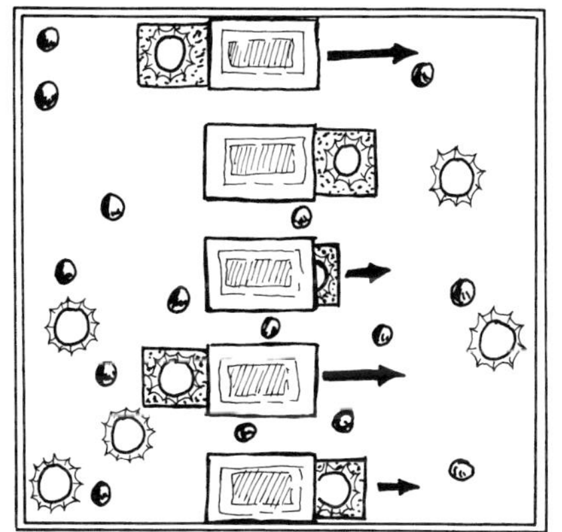

2.

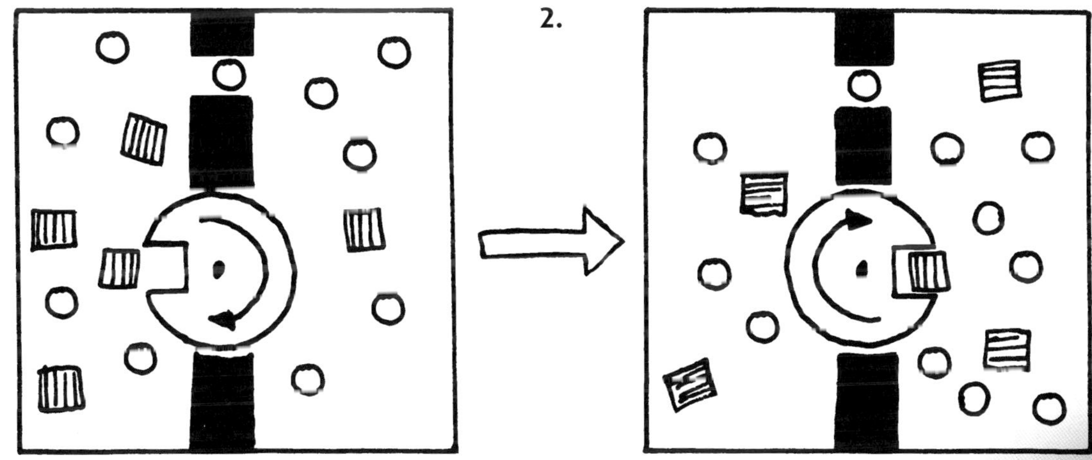

Verdauung spielen

Altersstufe

Ab Klasse 5

Benötigtes Material

- Kreide

So geht es

Auf dem Schulhofasphalt kann man mit Kreide ein Verdauungssystem aufzeichnen. (Überlegen Sie, ob Sie deswegen den Hausmeister fragen sollten.) Die Schüler haben vielleicht Spaß an einer Reise durch die Gänge und Gewölbe dieses Kanalsystems und Lust, einen fantasiereichen Erlebnisbericht darüber zu schreiben.

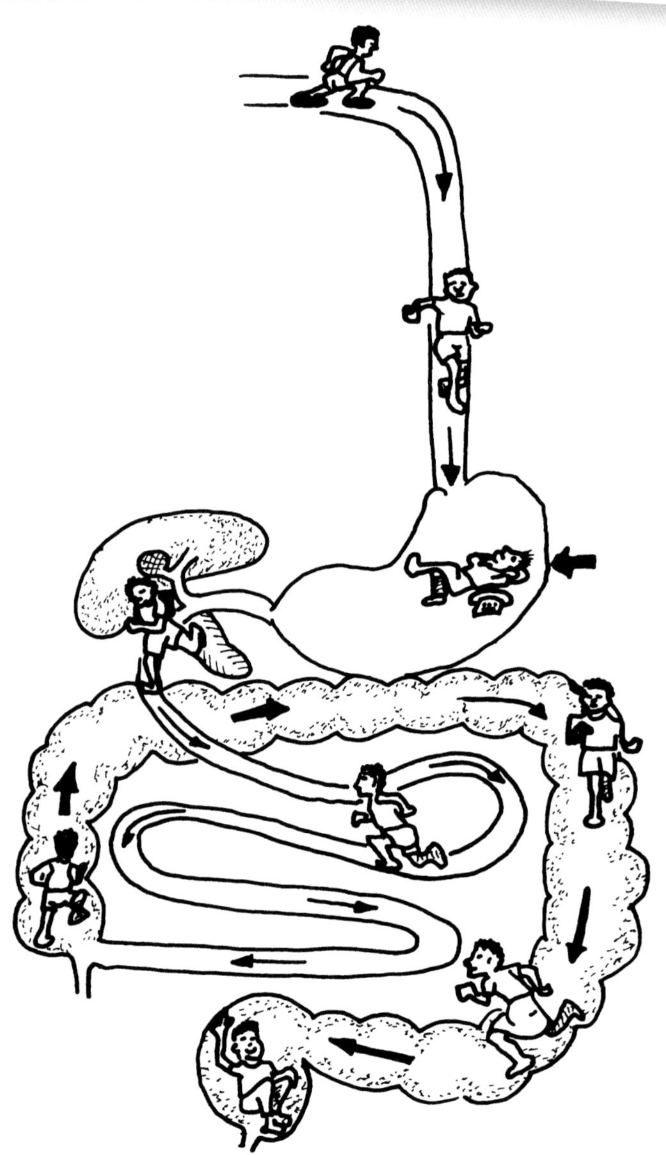

Blutkreislauf spielen

Altersstufe

Ab Klasse 5

Benötigtes Material

- Kreide

So geht es

Eine Reise durch den Blutkreislauf kann ebenso spannend sein wie eine Reise durch das Verdauungssystem. Man könnte auch eine Geschichte von einer Kanufahrt durch den Blutkreislauf eines Riesen erfinden lassen.

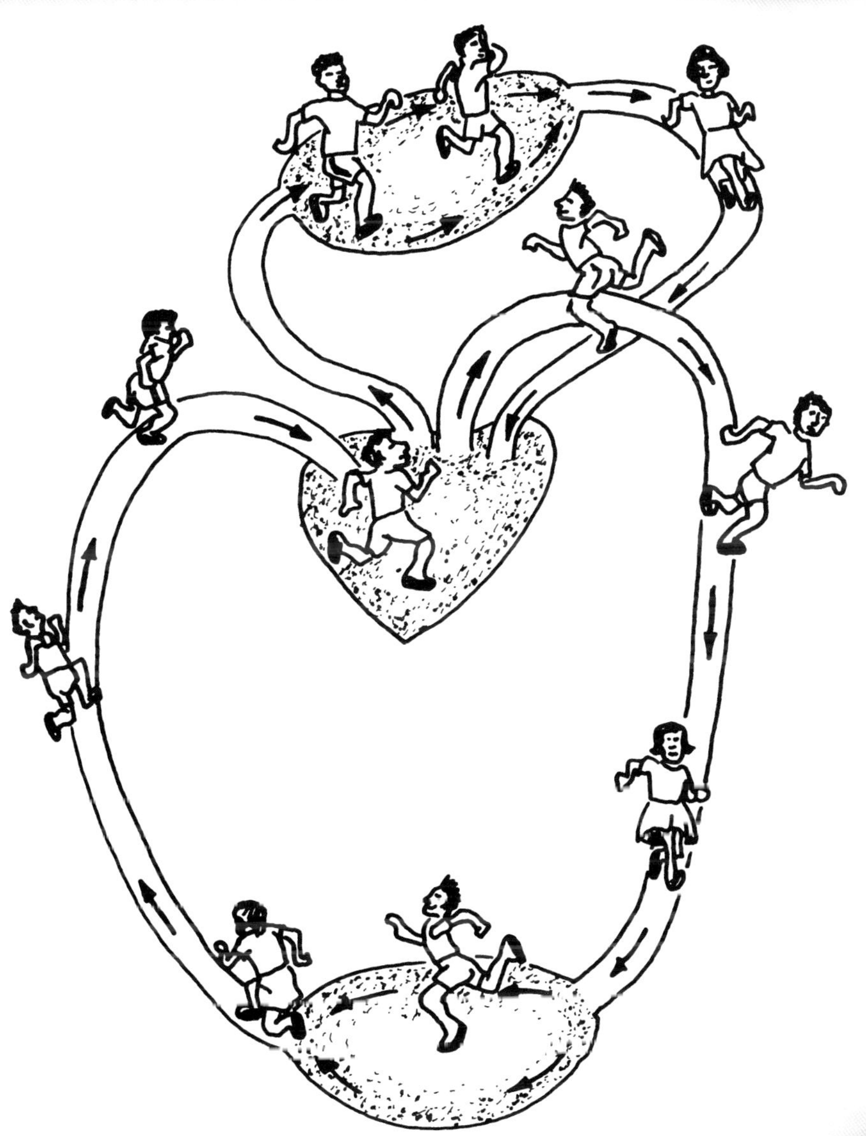

Verschiedene Herzmodelle

Altersstufe

Ab Klasse 8

Benötigtes Material

- Pappe
- Wollfäden
- Papier
- Fotokarton
- Schere
- Klebstoff

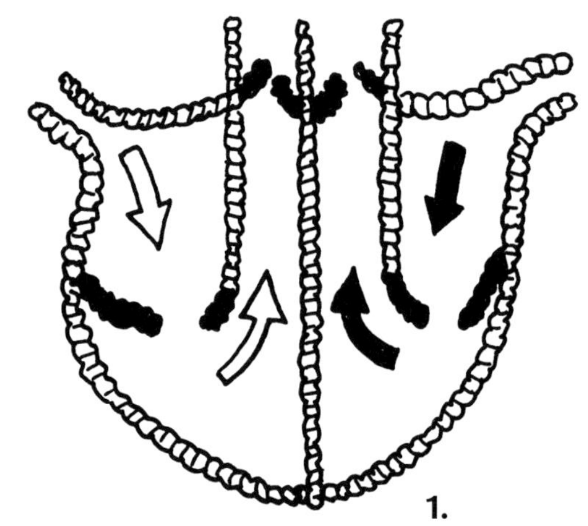

1.

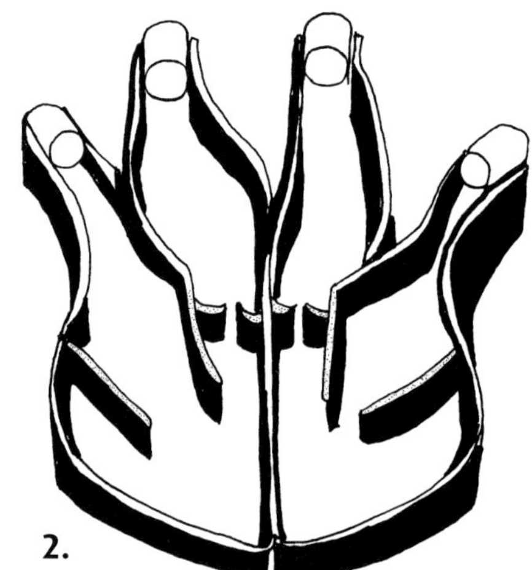

2.

So geht es

Das Herz besteht aus einem rechten und einem linken Teil, jeweils gegliedert in eine Vor- und eine Hauptkammer. In die linke Kammer fließt das venöse, sauerstoffarme Blut hinein und aus den Lungen wieder hinaus. Durch die rechte Kammer fließt das arterielle, sauerstoffreiche Blut aus den Lungen und in den Körper. Das Zusammenspiel von Herzklappen und Muskeln gewährleistet den Fluss des Blutes in eine Richtung.

Aus Wollfäden (Abb. 1), Papierstreifen (Abb. 2) und Fotokarton (Abb. 3) lassen sich einfache Herzmodelle basteln. Bei all diesen Modellen sind die Herzklappen beweglich und die übrigen Teile fest auf Pappe oder auf einer anderen Unterlage befestigt.

3.

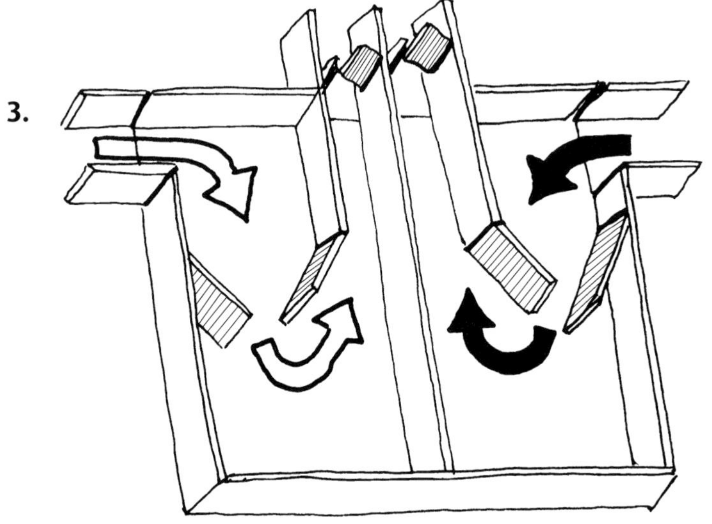

Das Herz als Pumpe

Altersstufe

Ab Klasse 5

Benötigtes Material

- Schüsseln
- Wasser

So geht es

Das Herz ist ein Hohlmuskel im Blutgefäßsystem, der sich rhythmisch zusammenzieht. Die bei jedem Herzschlag entstehende Druckwelle ist als Puls fühlbar. Die rhythmische Kontraktion des Herzmuskels kann man im Modellversuch nachahmen.

Man füllt eine Schüssel mit Wasser und legt die Handflächen so zusammen, dass die Wasserfüllung nur einen Ausgang erhält. Die Füllung erfolgt von der anderen Seite der gefalteten Hände her. Mit etwas Übung gelingt es, einen rhythmischen Wasserstrahl zu erzeugen.

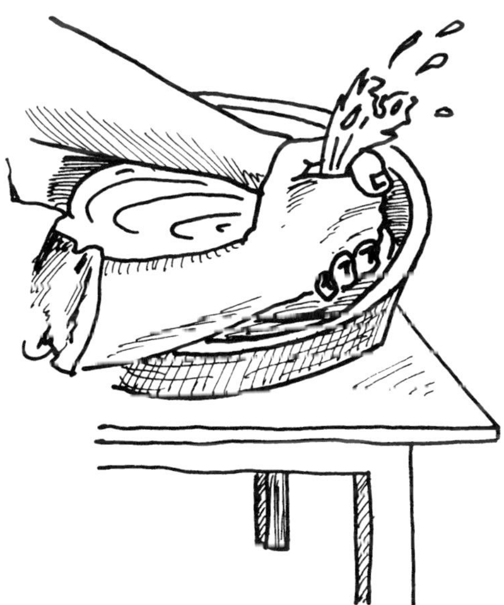

Herzschlag hören

Altersstufe

Ab Klasse 8

Benötigtes Material

- Papier
- 2 Trichter
- Plastikschlauch

So geht es

Beim Pumpvorgang zieht sich das Herz regelmäßig zusammen und erschlafft. Dabei klopft das Herz beim Zusammenziehen gegen die linke Seite des Brustkorbs. Mit einem Stethoskop nimmt der Arzt diesen dumpfen Ton wahr.

1. Ein einfaches Stethoskop besteht aus einem Papiertrichter.
2. Ein aufwändigeres Stethoskop kann man aus zwei Trichtern und einem Plastikschlauch basteln.

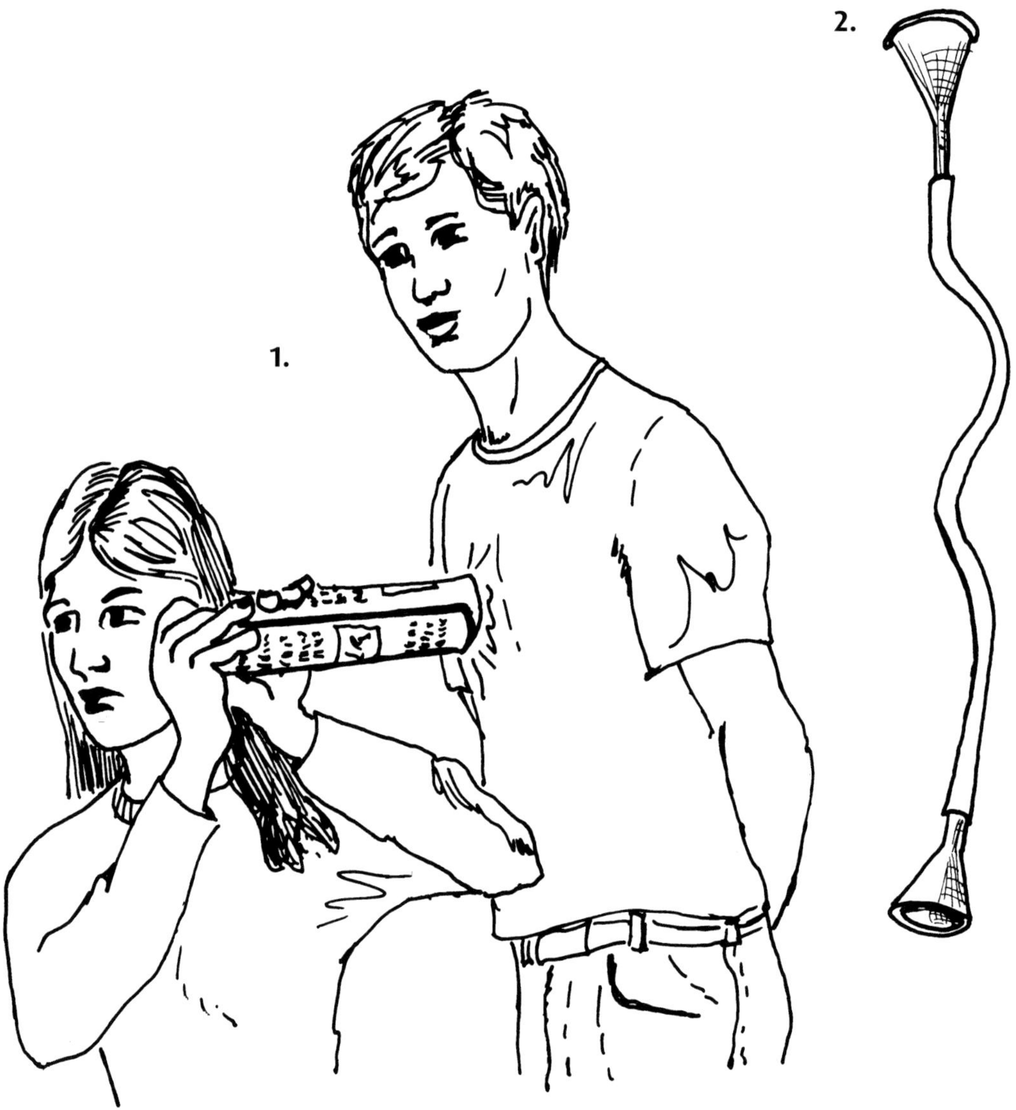

Arterien, Venen, Venenklappen

Altersstufe

Ab Klasse 7

Benötigtes Material

- Schaumstoff
- Pappe
- Gummistreifen
- Schere
- Klebstoff

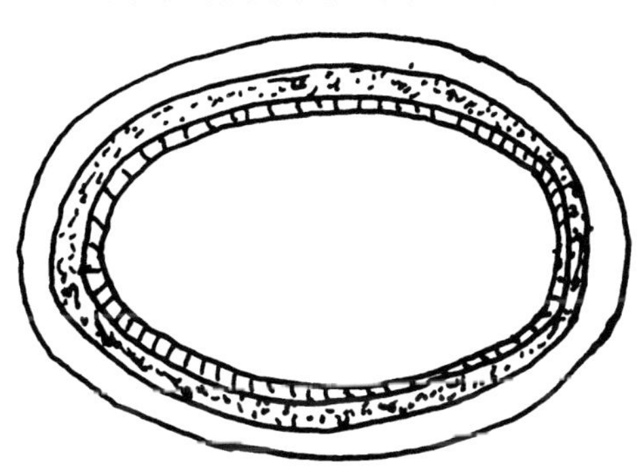

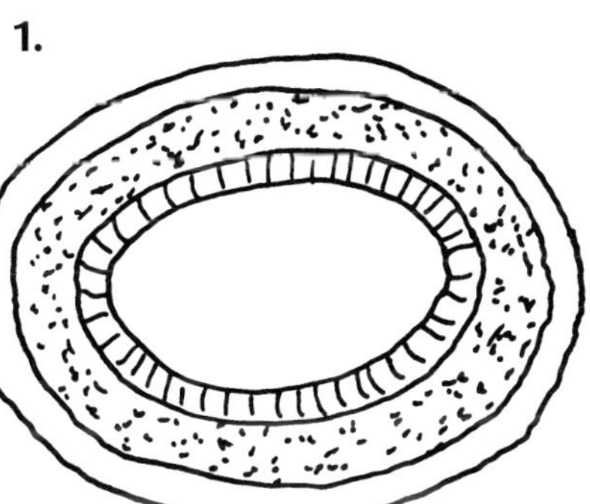

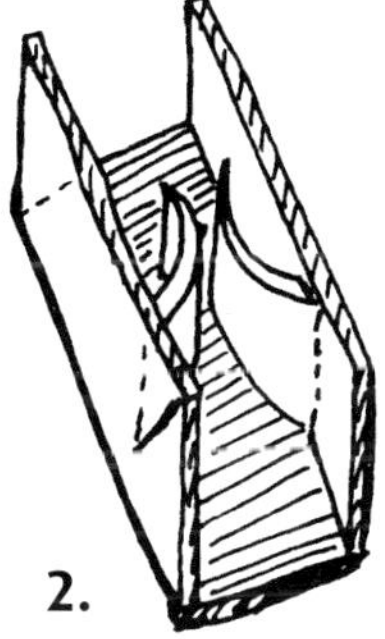

So geht es

Die Wände der vom Herz wegführenden Arterien sind dicker als die der zum Herz hinführenden Venen. Insbesondere die Mittelschicht aus elastischem Bindegewebe und Muskeln ist unterschiedlich dick. In den Venen verhindern Venenklappen das Zurückströmen des Blutes.

Aus verschiedenfarbigem und unterschiedlich dickem Schaumstoff kann man Modelle von Arterien und Venen herstellen (s. Abb. 1). Das Funktionsprinzip einer Klappe lässt sich anhand eines Modells aus Pappe und Gummistreifen (s. Abb. 2) oder einfach mit den Händen (s. Abb. 3) darstellen.

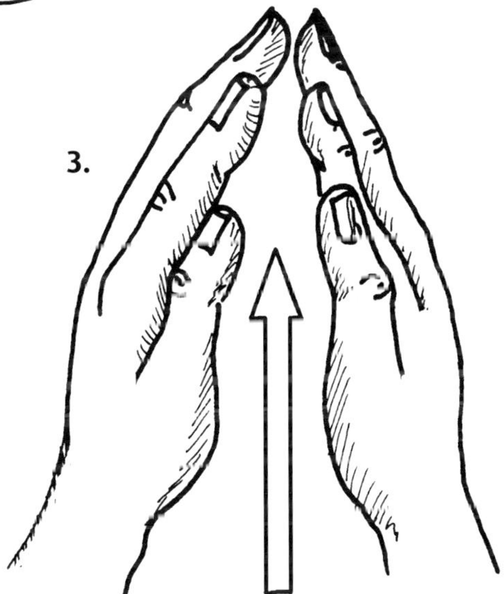

Pulsschlag sichtbar gemacht

Altersstufe

Ab Klasse 5

Benötigtes Material

- Streichhölzer
- Heftzwecke
- Taschenspiegel
- Lichtquelle (z.B. Taschenlampe)

So geht es

Das Herz pumpt das Blut rhythmisch in die Arterien. Dort erzeugt das Blut eine Druckwelle, die als Pulsschlag wahrnehmbar ist.

1. Man befestigt ein Streichholz auf einer Reißzwecke und stellt diese auf die Arterie der Handfessel. Das Streichholz bewegt sich im Rhythmus des Pulses.
2. Auch beim übergeschlagenen Bein entsteht eine Bewegung im Rhythmus des Pulses, die man mit einem Spiegel auf dem Schuh und einer darauf gerichteten Lichtquelle sichtbar machen kann.

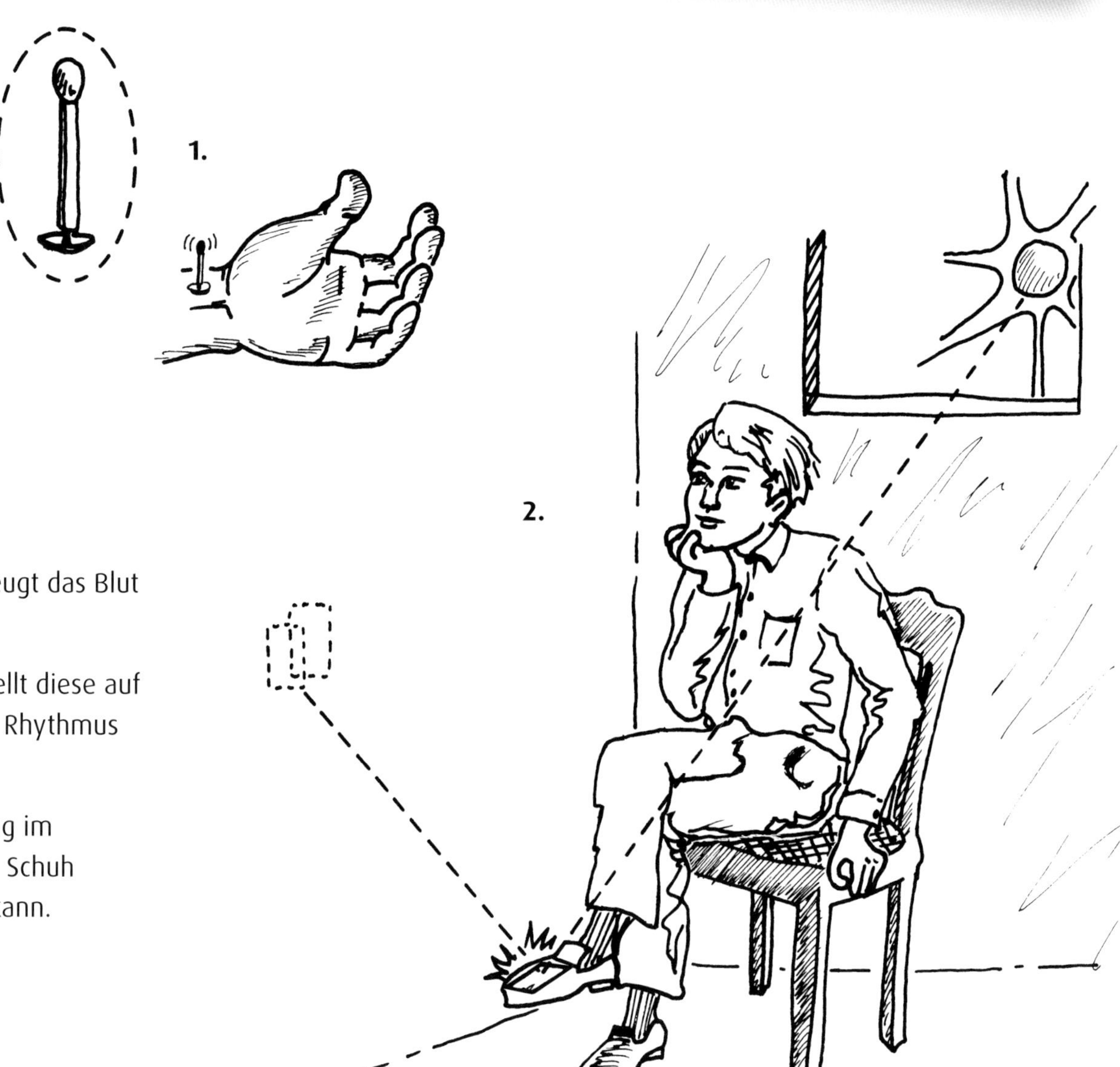

Pulsschlag hören und sehen

Altersstufe

Ab Klasse 5

Benötigtes Material

- Tropfbecher
- Bastelsäge
- Plastikschlauch

So geht es

Vom Herzen wird das Blut in Arterien durch den Körper transportiert. Überall dort, wo Arterien dicht unter der Haut verlaufen, wie etwa in den Fingern, an der Schläfe oder an der Innenseite des Unterarms, kann man den rhythmischen Pulsschlag direkt fühlen oder mit zusätzlichen Geräten wahrnehmen (s. auch Seite 140, „Pulsschlag sichtbar gemacht“).

1. Steckt man die Zeigefinger in beide Ohren, so kann man den Pulsschlag hören.
2. Einen pfiffigen Pulsmesser kann man aus den Tropfbechern von Infusionsgeräten (in Apotheken erhältlich) herstellen. Hierzu wird der Tropfbecher so abgesägt, dass in den Hohlraum leicht der etwas eingefettete Zeigefinger hineinpasst. An dem Becherende belässt man ein ca. 10 cm langes Schlauchstück. Der Becher wird ganz und der Schlauch teilweise mit lauwarmem Wasser gefüllt. Der Finger wird so in den Becher eingeführt, dass der Becher durch den Finger am Rand abgedichtet ist. Der Meniskus (die konkave Oberfläche der Flüssigkeit) im Schlauch wird jetzt durch den Rhythmus des Pulses im Finger auf und ab bewegt.

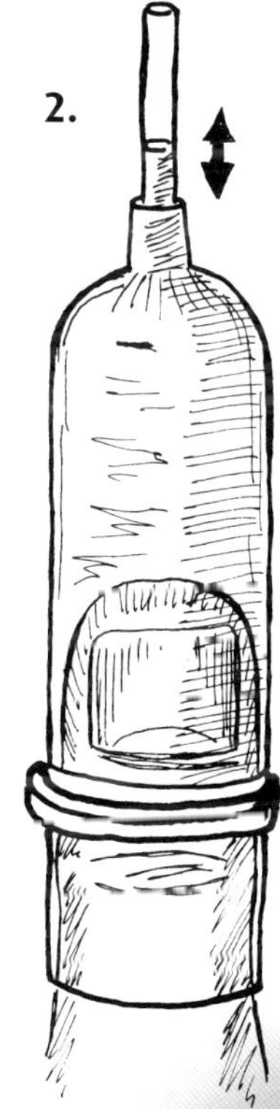

Kreislaufmodelle

Altersstufe

Ab Klasse 7

Benötigtes Material

- rote und blaue Wollfäden
- Pappe, Stoff oder Papier
- Farbstifte
- Schere

So geht es

Vereinfacht betrachtet besteht der Blutkreislauf aus dem Körper- und dem Lungenkreislauf. Diese Vorstellung kann noch weiter differenziert werden.

1. Ein Herz aus Pappe sowie rote und blaue Wollfäden genügen für ein einfaches Modell, es lässt sich weiter differenzieren.
2. Für dieses Übungsmodell zeichnet man die Blutgefäße auf Pappe, Stoff oder Papier und lässt die Namen oder Zeichnungen der durchflossenen Organe an die richtigen Orte im Kreislauf legen.

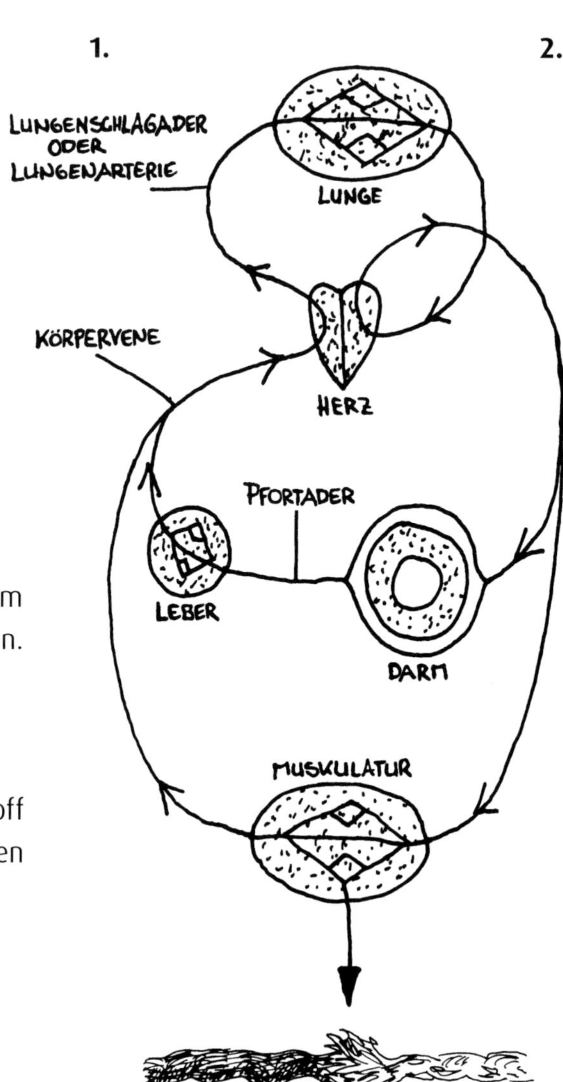

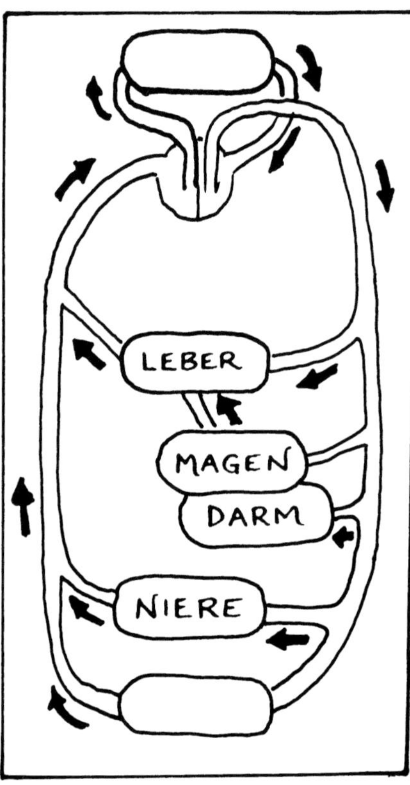

Haargefäße

Altersstufe

Ab Klasse 7

Benötigtes Material

- Papier
- Schere
- Klebstoff

So geht es

Arterien und Venen dienen hauptsächlich dem Transport des Blutes. In den Haargefäßen oder Kapillaren erfolgt der Stoffaustausch. Die Verzweigung der weiten Transportgefäße in viele enge Haargefäße ermöglicht infolge der Oberflächenvergrößerung einen effektiveren Stoffaustausch.

Aus einem Papierstreifen wird eine Röhre zusammengeklebt. Diese wird mit kleineren Röhren gefüllt. Anschließend schneidet man die große Röhre und die kleinen Röhren auf und berechnet die Oberflächen.

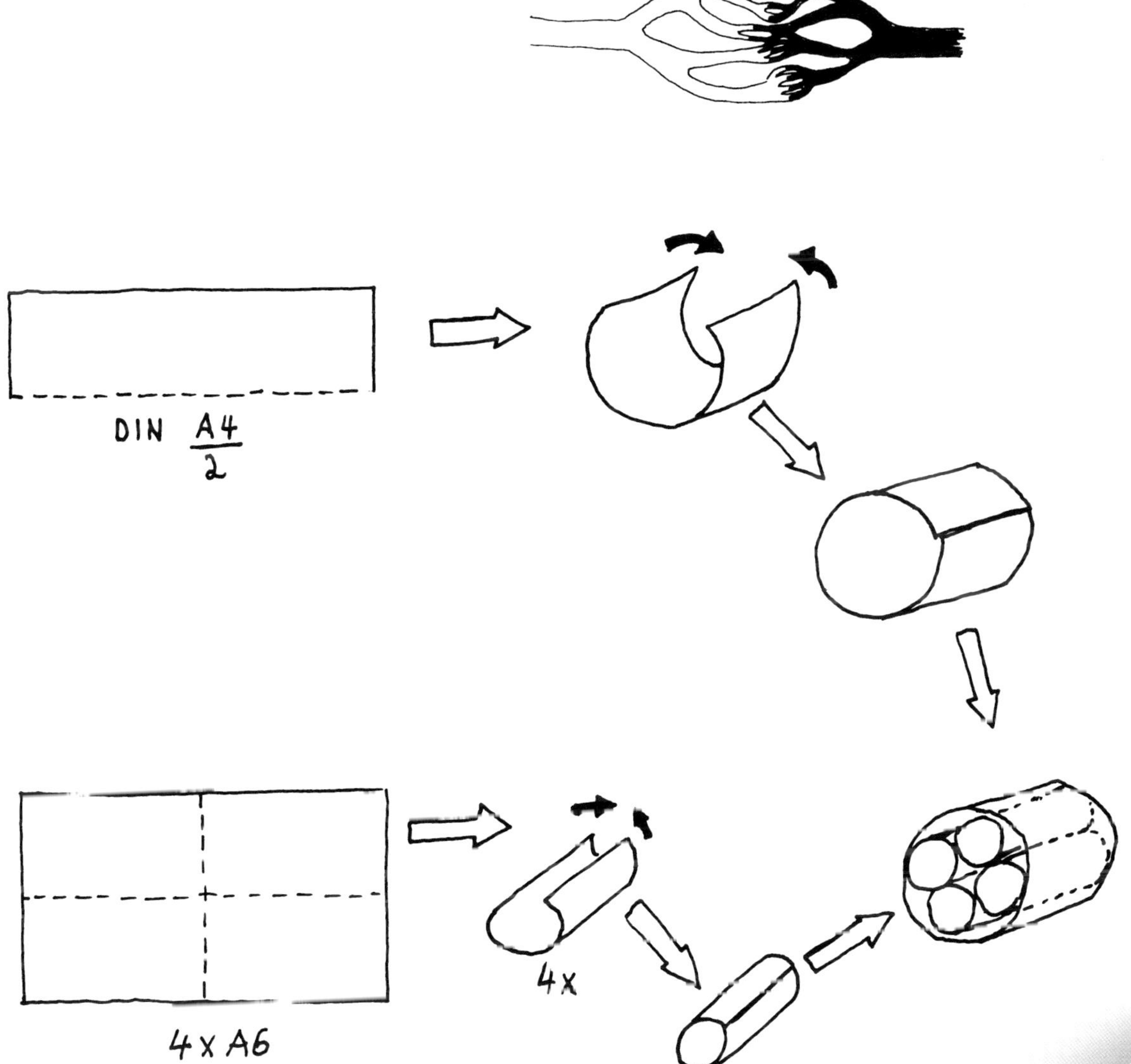

Weiße Blutkörperchen

Altersstufe

Ab Klasse 7

Benötigtes Material

- Plastikbeutel
- Korken
- Gummiring
- Wasser
- Taschentuch

So geht es

Weiße Blutkörperchen haben im Gegensatz zu roten Blutkörperchen eine veränderliche Form. Sie können deshalb Fremdkörper durch Umfließen (Phagozytose) aufnehmen und aus den Blutkapillaren in das umliegende Gewebe eindringen.

1. Man füllt einen Plastikbeutel mit etwas Wasser und gibt als Zellkern einen kleinen Korken hinein. Der flach gedrückte Beutel wird luftleer mit einem Gummiring verschlossen.
2. Auch mit einem Taschentuch kann man das Umfließen anschaulich machen. Mit diesem Modell kann man nur das Umfließen, aber nicht die Aufnahme in die Zelle zeigen.

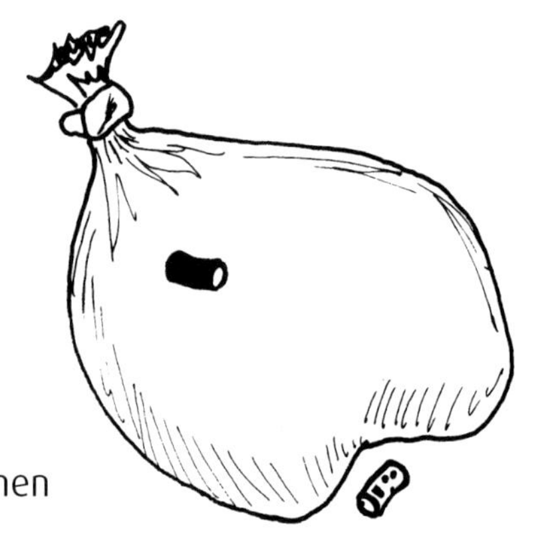

1.

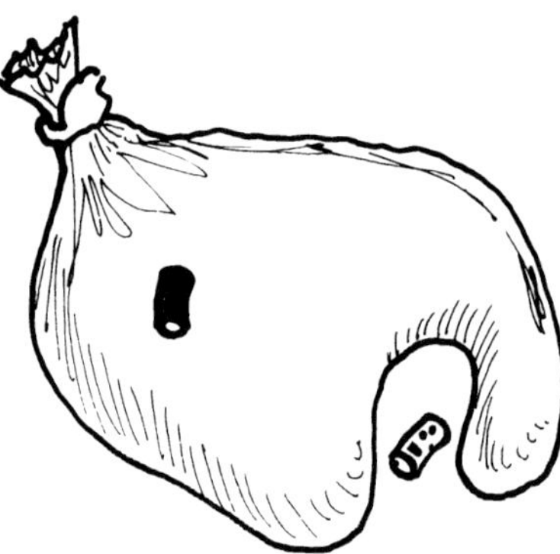

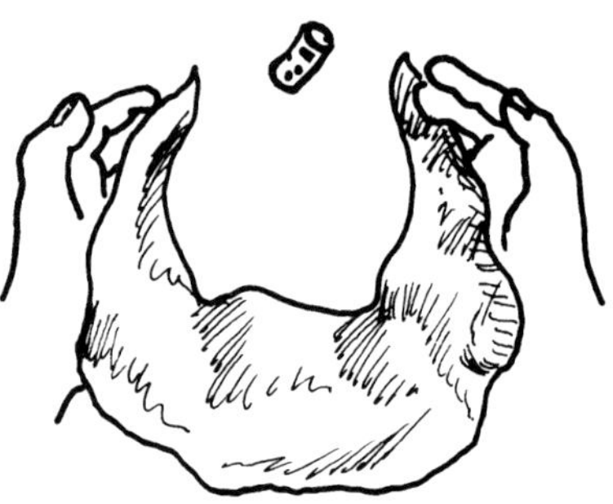

2.

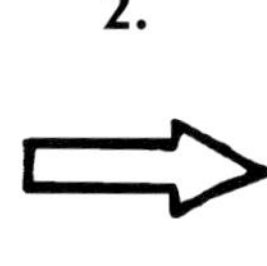

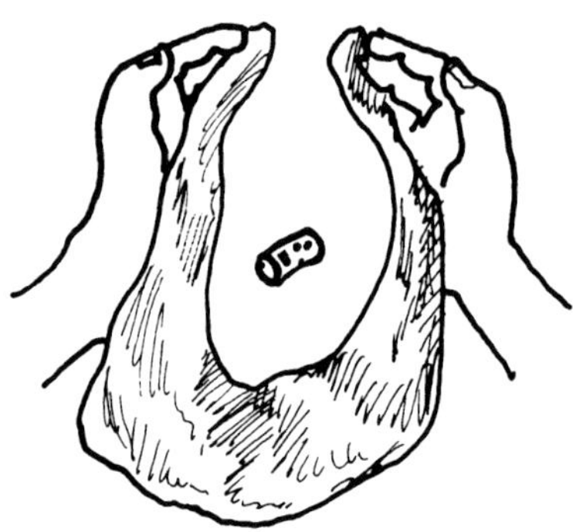

Blutgerinnung anschaulich

Altersstufe

Ab Klasse 7

Benötigtes Material

- Glas mit Deckel
- weiße Bohnen
- Linsen
- Wollfäden

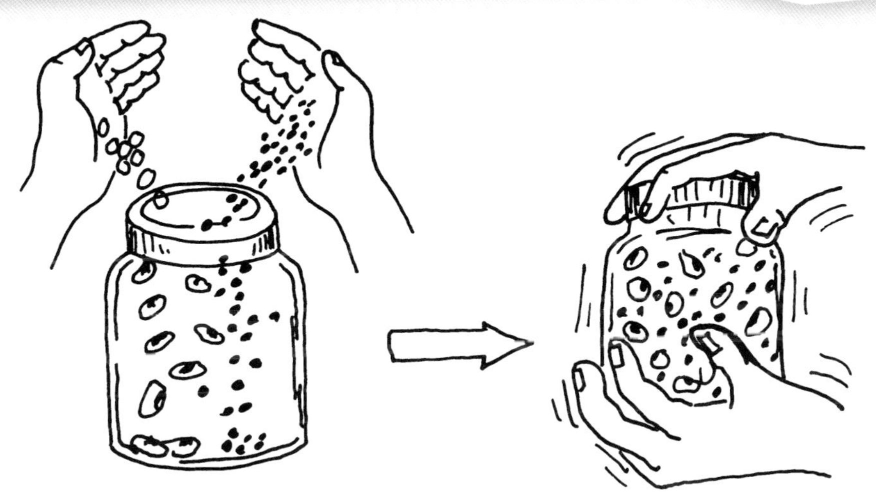

So geht es

Bei der Blutgerinnung geht das gelöste Fibrinogen in fädiges Fibrin über. An diesem Vorgang sind die Blutplättchen beteiligt. In die Fäden des Fibrins werden die im Blut frei beweglichen roten und weißen Blutkörperchen eingeschlossen. Ein Blutkuchen bildet sich.

Man gibt in ein Glas einige weiße Bohnen und Linsen (weiße und rote Blutkörperchen) und schüttelt es. Nun füllt man das Glas mit Wollfäden bis zum Rand, zwischen denen man die Samen verteilt, und schüttelt erneut. Die Samen sind nicht mehr frei beweglich.

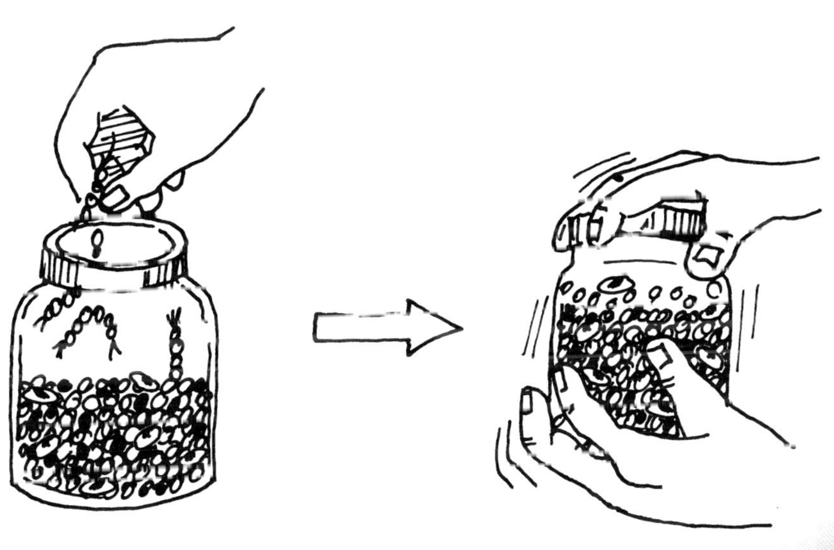

Reaktionen von Blutgruppen üben

Altersstufe

Ab Klasse 9

Benötigtes Material

- Pappe oder Papier
- wasserfeste Filzstifte oder Kugelschreiber
- Kronenkorken

So geht es

Die roten Blutkörperchen der Blutgruppen A, B und AB enthalten in ihrer Membran verballungsfähige Stoffe. Diese fehlen bei der Blutgruppe 0. Die Zusammenballung wird durch Antikörper A, B oder AB hervorgerufen, die im Blutplasma gelöst sind. Die Antikörper können auch fehlen. Geringe Mengen von Antikörpern im Spenderblut schaden dem Empfänger nicht; wichtig ist, dass das Spenderblut nicht verballt wird.

Blutgruppe		Spender			
		A Anti-B	B Anti-A	AB –	0 Anti-A Anti-B
Empfänger	A Anti-B				
	B Anti-A				
	AB –				
	0 Anti-A Anti-B				

Auf einer Übungstafel werden Felder entsprechend der Zeichnung angelegt. Verballung wird durch einen auf der Innenseite markierten Kronenkorken angezeigt, Nichtverballung durch einen nicht markierten Kronenkorken.

○	Nicht verballt
●	Verballt

Blutgruppe		Spender			
		A Anti-B	B Anti-A	AB –	0 Anti-A Anti-B
Empfänger	A Anti-B	○	●	●	○
	B Anti-A	●	○	●	○
	AB –	○	○	○	○
	0 Anti-A Anti-B	●	●	●	○

Reaktionen von Blutgruppen

Altersstufe

Ab Klasse 9

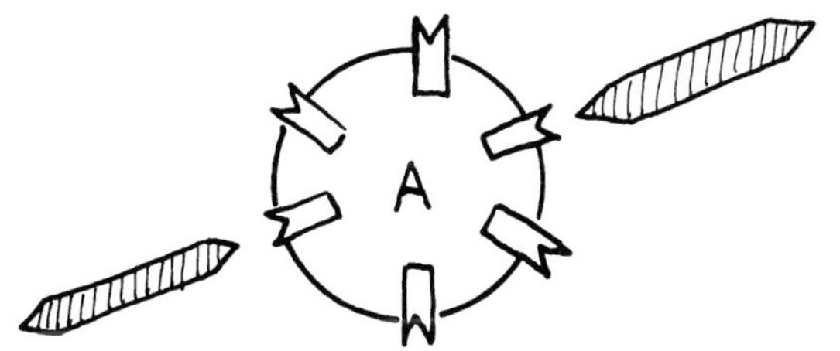

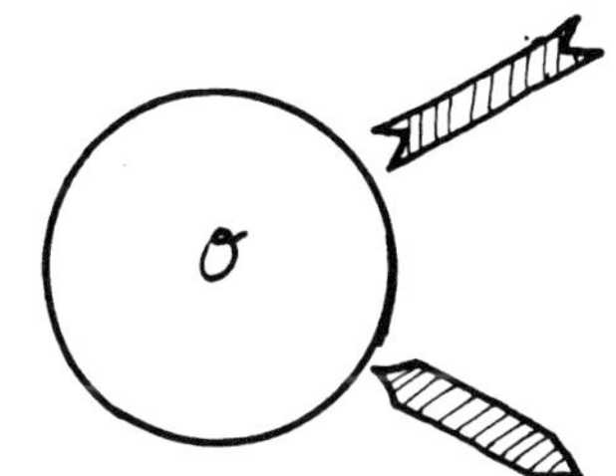

Benötigtes Material

- Papier oder Fotokarton
- Farbstifte
- Schere

So geht es

Die Reaktion der Antigene in den Membranen der roten Blutkörperchen mit den Antikörpern im Serum kann man mit einem einfachen Modell darstellen. In diesem Modell entsprechen die Spikes auf den Scheiben den verschiedenen Antigenen, die Streifen den Antikörpern. Als Material eignet sich Papier oder dünner Fotokarton, der entsprechend den Abbildungen ausgeschnitten und beschriftet wird.

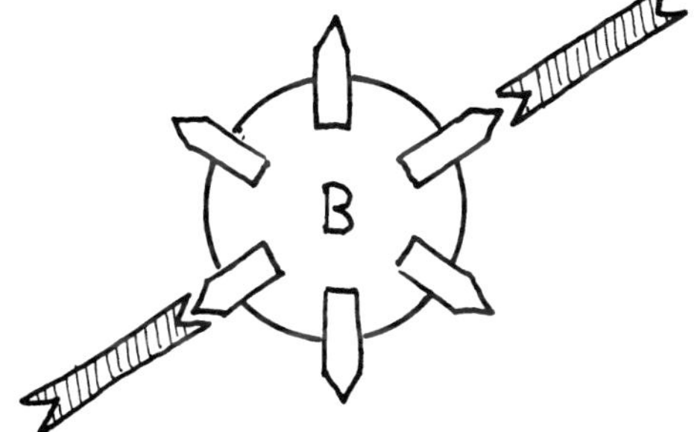

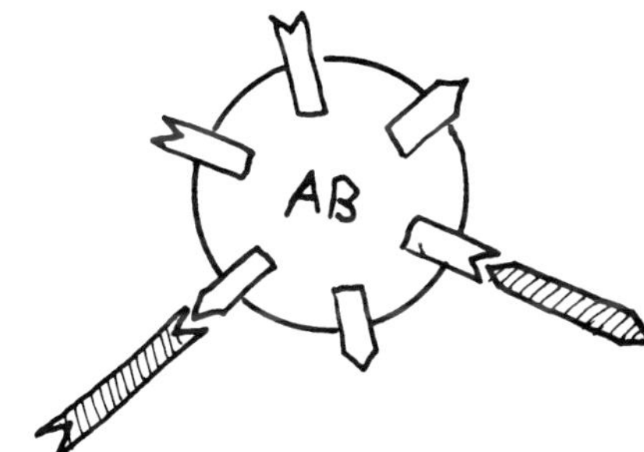

Anti A

Anti B

Lungenbläschen

Altersstufe

Ab Klasse 8

Benötigtes Material

- Glühbirne oder Rundkolben
- rote und blaue Filzstifte (wasserfest)

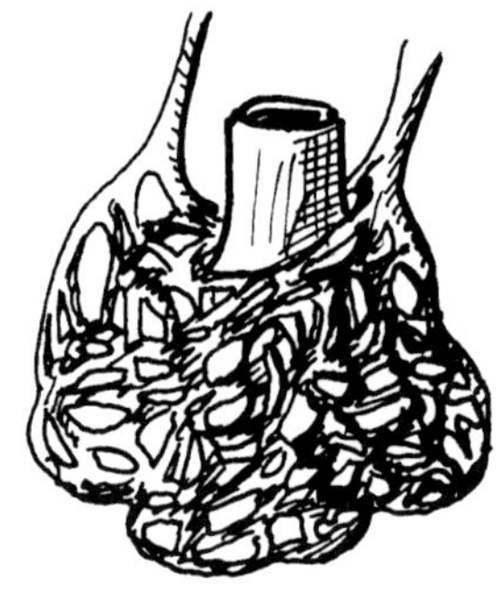

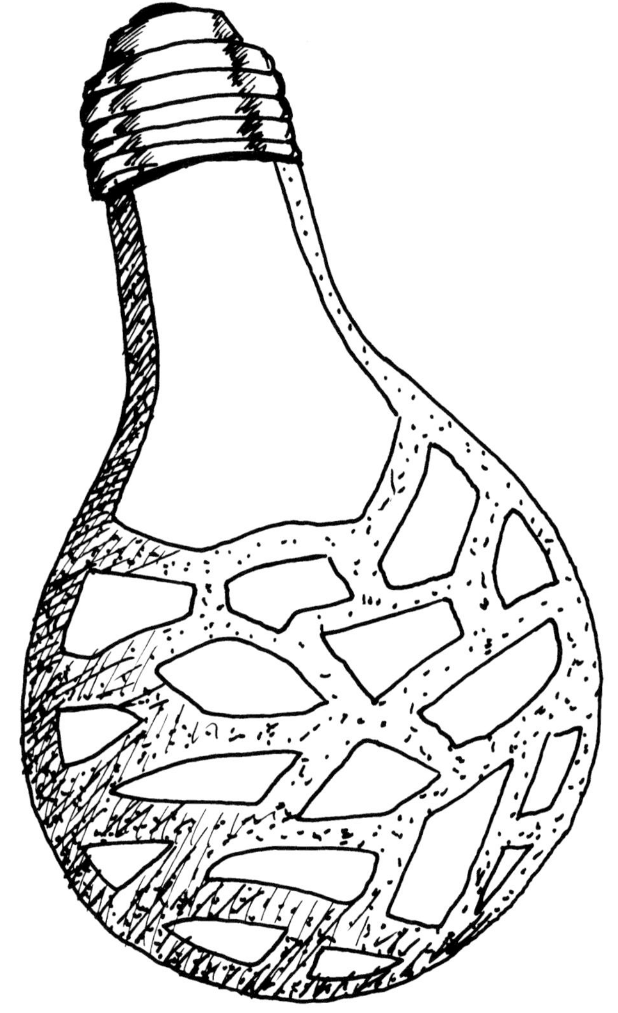

So geht es

Der Gasaustausch zwischen Blut und Außenwelt erfolgt durch die Wandungen der Lungenbläschen. Diese sind von einem Netz feiner Haargefäße durchzogen. Lungenarterien führen vom Herz kohlensäurereiches Blut in diese Haargefäße. Lungenvenen führen daraus das sauerstoffreiche Blut ab.

Das Netzwerk der Haargefäße in den Wandungen der Lungenbläschen sowie die Arterien und Venen kann man mit roten und blauen wasserfesten Faserschreibern auf eine Glühbirne oder einen Rundkolben aufzeichnen.

Gasaustausch

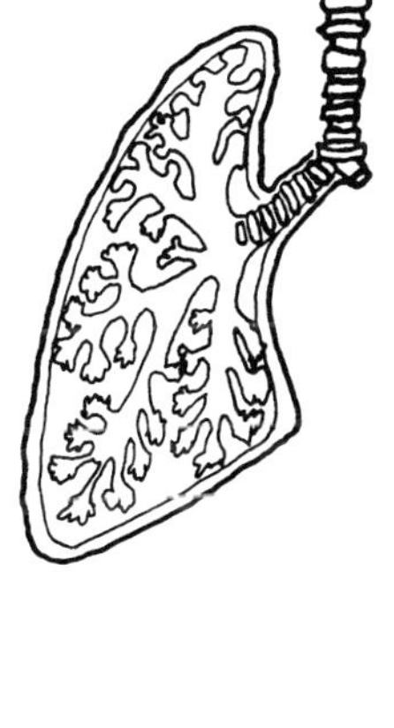

Altersstufe

Ab Klasse 7

Benötigtes Material

- Papier oder Pappe
- Kronenkorken
- roter Filzstift oder Kugelschreiber

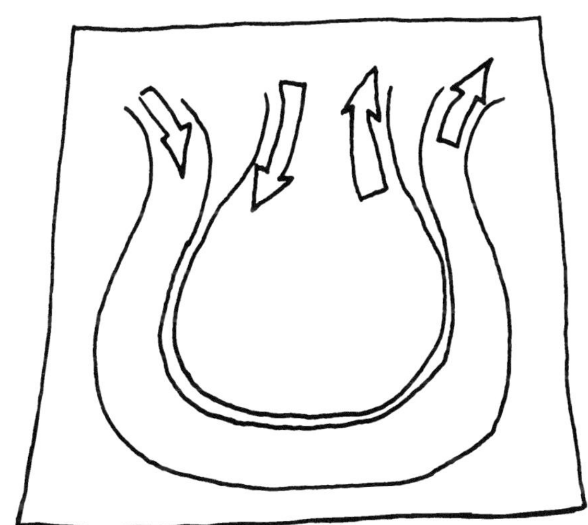

So geht es

Der Gasaustausch in den Lungenbläschen beruht auf einem Konzentrationsgefälle zwischen den im Blut enthaltenen Gasen einerseits und der Luft in den Lungenbläschen andererseits. Schülern ist oft nicht bewusst, dass auch sauerstoffreiches Blut hohe Anteile an Kohlenstoffdioxid enthält.

Auf einem Bogen Papier oder Pappe legt man das Schema eines Lungenbläschens mit den Blutgefäßen an. Kronenkorken werden innen überhaupt nicht (CO_2) und rot (O_2) markiert und in das Schema gelegt.

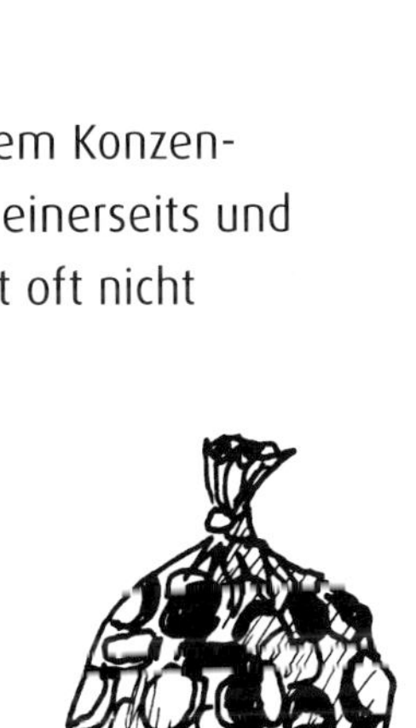

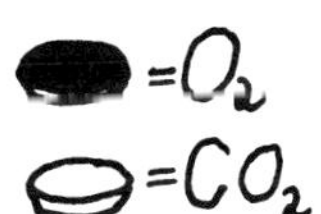

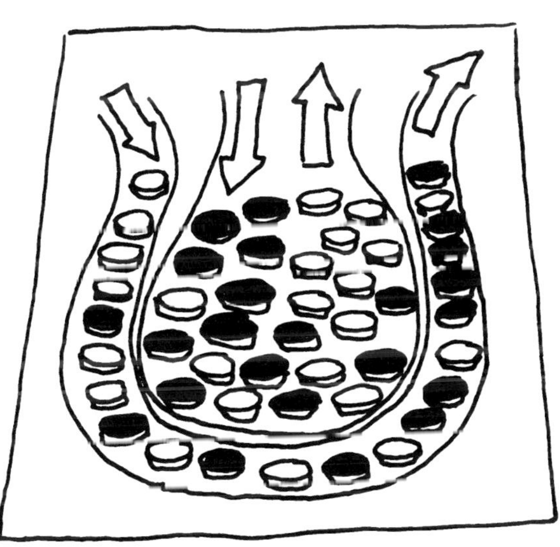

Das Auge als Kamera

Altersstufe

Ab Klasse 7

Benötigtes Material

- Blechdose
- Nagel
- Butterbrotpapier
- Gummiring
- Kerze
- Pappe

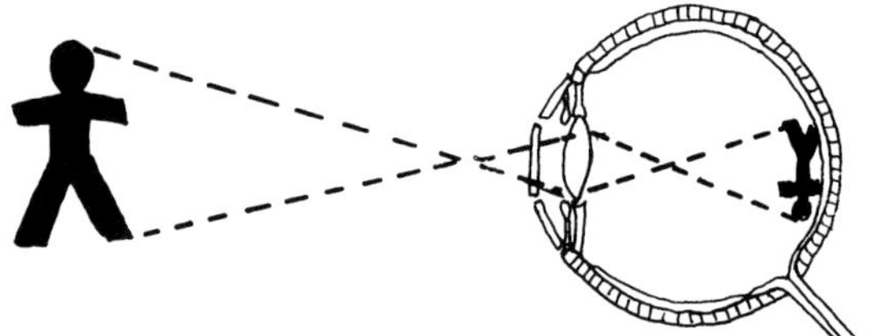

So geht es

Kamera und Auge entsprechen sich als optische Apparate weitgehend. Das Licht wird beim Durchgang durch die Linse gebrochen. Auf dem Film bzw. auf der Netzhaut entsteht ein umgekehrtes Bild. Ein solches Bild liefert auch eine Lochkamera.

1. Mit einer einfachen Lochkamera kann man den Strahlengang und die Entstehung eines umgekehrten Bildes zeigen. In den Boden einer länglichen Blechdose schlägt man mit einem Nagel ein Loch von ca. 2–3 mm Durchmesser. Die offene Seite der Dose wird mit Butterbrotpapier (Bildschirm) und einem Gummiring verschlossen. Die Scharfeinstellung des Bildes erfolgt durch Veränderung der Entfernung zur brennenden Kerze.
2. Ein dunkler Tubus um den Bildschirm lässt das Bild deutlicher erscheinen, weil damit störender Lichteinfall von der Seite verhindert wird. Für den Tubus rollt man innenseitig schwarze Pappe um die Blechdose herum und befestigt sie mit einem Gummiring.

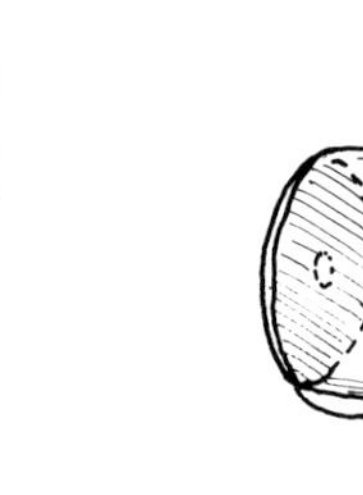
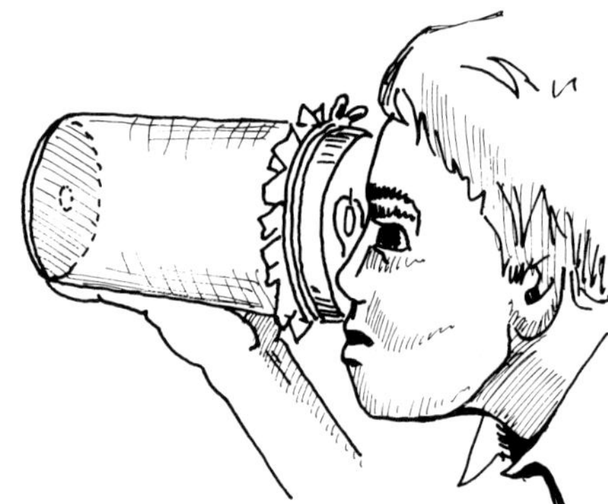

1.

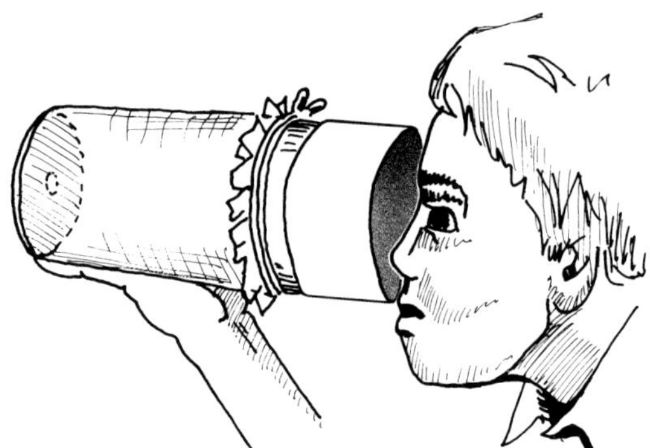

2.

Umgekehrte Bilder

Altersstufe

Ab Klasse 7

Benötigtes Material

- Glaskolben
- Wasser
- Murmel
- Löffel

So geht es

Ein umgekehrtes Bild können sich die Schüler oft nicht vorstellen. Man betrachtet sich in einem wassergefüllten Glaskolben. Das Wasser wirkt als Linse und es entsteht ein umgekehrtes Bild. Auch der Blick durch eine Murmel aus klarem Glas ergibt ein umgekehrtes Bild. In einem runden verchromten Löffel entsteht ebenfalls ein umgekehrtes Bild.

Der Augapfel

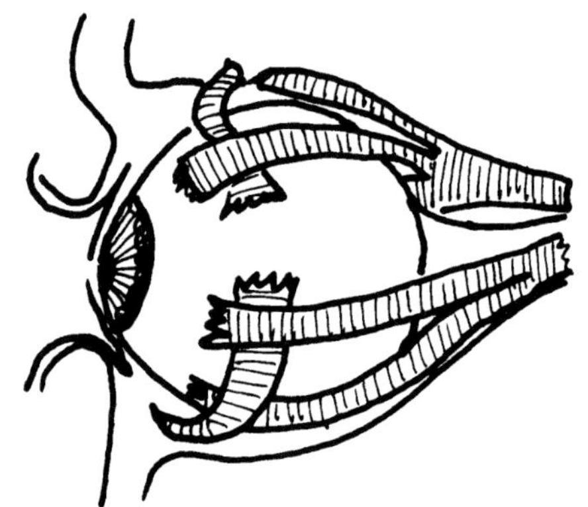

Altersstufe

Ab Klasse 7

Benötigtes Material

- Kokosnuss
- Glühbirne
- 2 Bälle verschiedener Größe
- Gummiband
- Bastelmesser

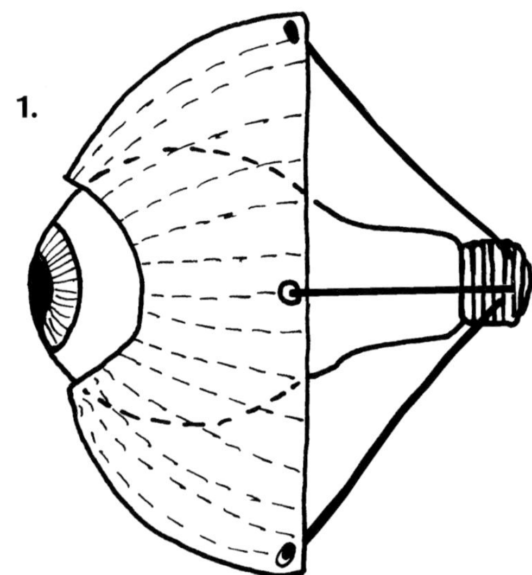

So geht es

Der Augapfel liegt in der knöchernen Augenhöhle. Er wird durch sechs Muskeln bewegt, die an der Augenhöhle ansetzen.

1. Dieses exotische Modell, bei dem eine Glühbirne mit Gummibändern in eine halbe Kokosnussschale mit eingesägtem Loch gespannt wird, soll zu einem eigenen, perfekteren Modell anregen. Abfallmaterialien dafür gibt es genug.
2. Als Augapfel dient bei diesem Modell ein Ball. Für die Augenhöhle kann man einen alten, etwas größeren Ball aufschneiden.

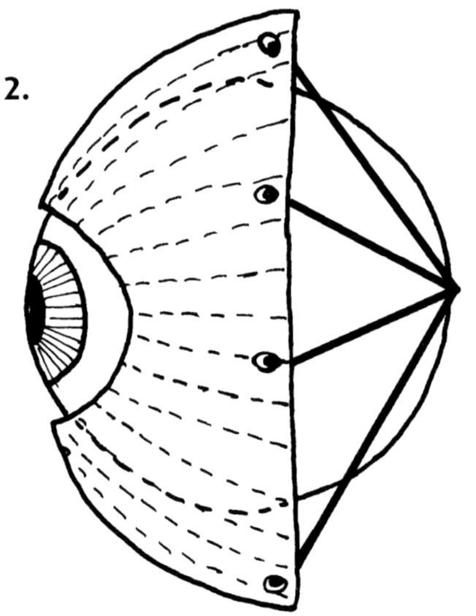

Nachbilder

Altersstufe

Ab Klasse 7

Benötigtes Material

- Blech- oder Pappscheibe
- Gummiband
- Farbstifte

So geht es

Bilder entstehen auf der Netzhaut mit Verzögerung. Bei schneller Folge überlagert ein neues Bild das alte, es entstehen Nachbilder. Diese Trägheit der Netzhaut wird durch den Ablauf chemischer Vorgänge verursacht.

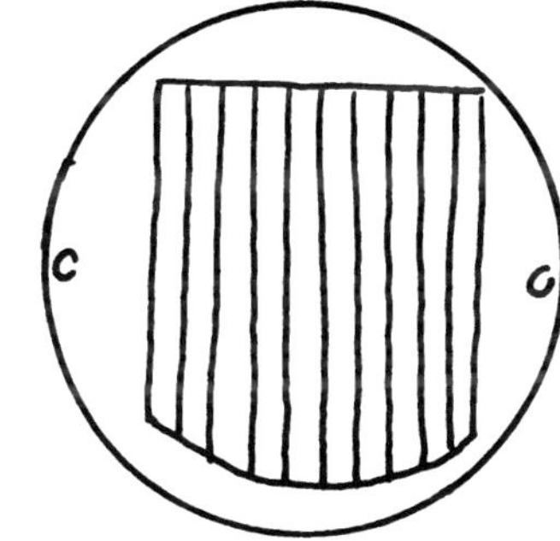

Zur Demonstration von Nachbildern malt man auf die eine Seite einer Blech- oder Pappscheibe einen Vogel und auf die andere Seite die Stäbe eines Käfigs auf. In zwei Löchern an den Rändern werden Gummibänder befestigt. Der Blechdeckel wird mit der Hand gedreht und losgelassen. Bei der schnellen Drehung entstehen Nachbilder, sodass sich Vogel und Käfig überlagern.

Hören begreifen

Altersstufe

Ab Klasse 7

Benötigtes Material

- Pappe
- Schere/Bastelmesser
- Gummiband
- Klebeband
- Musterbeutelklammern

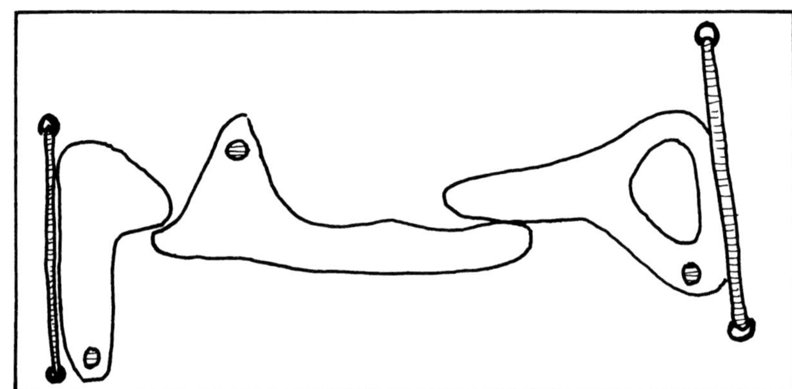

So geht es

Das menschliche Ohr besteht aus dem Außenohr, dem Mittelohr und dem Innenohr. Die Ohrmuschel nimmt die Schallwellen auf und leitet sie zum Trommelfell und zum Mittelohr. Hammer, Amboss und Steigbügel leiten die in mechanische Bewegungen umgeformten Wellen vom Trommelfell zum ovalen Fenster des Innenohres. Diese Gehörknöchelchen wirken wie Hebel.

Die Teile des Innenohres schneidet man entsprechend der Abbildung aus Pappe aus und befestigt sie beweglich auf Pappe mit Musterbeutelklammern. Die Gummibänder (Trommelfell und ovales Fenster) werden jeweils zwischen zwei Klammern gespannt und mit Klebeband an Hammer und Steigbügel befestigt, um ein Abrutschen zu vermeiden.

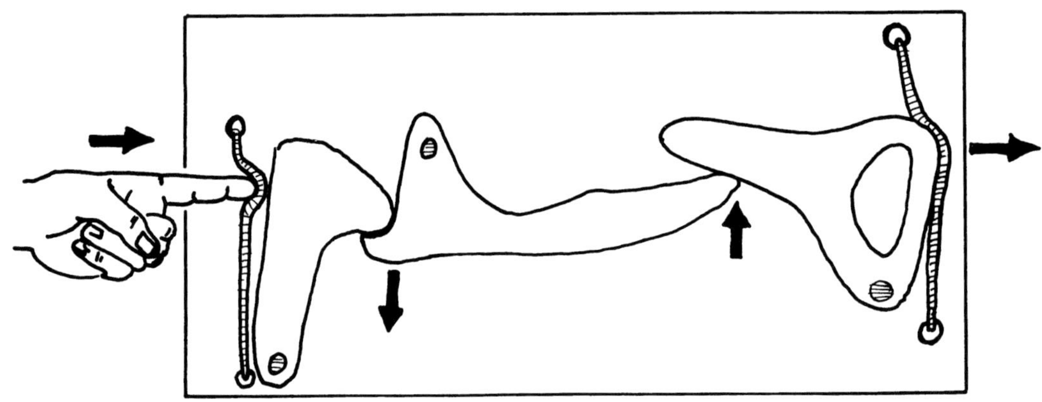

Druck auf die Endolymphe

Altersstufe

Ab Klasse 7

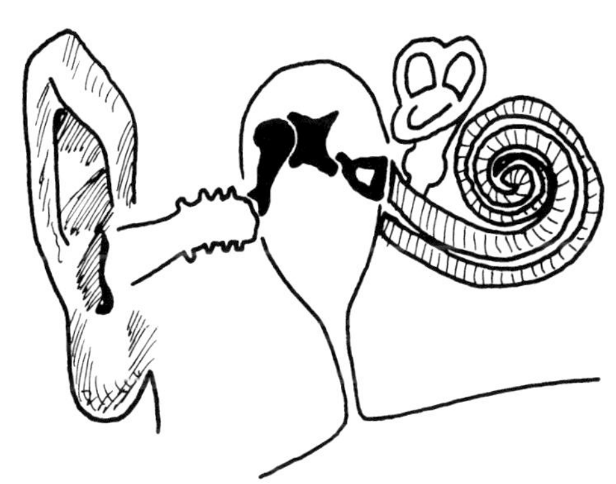

Benötigtes Material

- Plastikschlauch
- Wasser

So geht es

Die mechanischen Bewegungen der Knochen des Mittelohres werden auf das ovale Fenster des Innenohres übertragen und von dort aus auf die Endolymphe in der Schnecke des Innenohres geleitet. Die erregte Membran des ovalen Fensters ruft durch die Schwingungen Wellenbewegungen der Labyrinthflüssigkeit hervor. Der Druckausgleich erfolgt durch das runde Fenster der Schnecke zum Mittelohr.

Mit einem wassergefüllten Schlauch zeigt man die Weiterleitung des Drucks auf die Endolymphe im Innenohr sowie den Druckanstieg im Gegenschenkel, der im Ohr über das runde Fenster ausgeglichen wird.

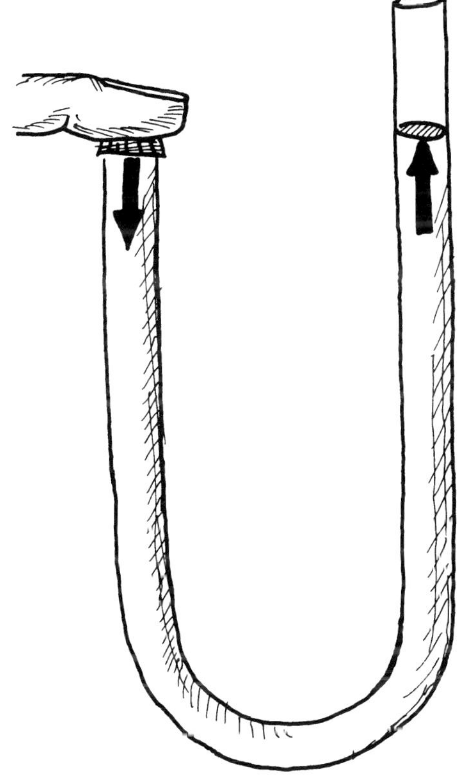

Bogengänge des Ohres

Altersstufe

Ab Klasse 7

Benötigtes Material

- Plastikschlauch
- Erbsen
- Pappe
- Schere
- Klebeband

So geht es

Im Innenohr befinden sich auch die mit der Schnecke verbundenen Bogengänge mit den Dreh- und Lagesinnesorganen, welche über den Bewegungszustand und die Lage des Körpers im Raum informieren. Das Drehsinnesorgan wird von drei Bogengängen gebildet, die senkrecht aufeinander stehen und je einen Sinnesapparat enthalten.

Zur Demonstration der Wahrnehmung aller drei Richtungen des Raumes kann man aus transparentem Schlauch 3 geschlossene Ringe bilden, mit jeweils einer Erbse füllen (Sinnesapparat) und mit Klebeband auf Pappe befestigen. Bei diesem Modell stehen allerdings die Bogengänge nicht untereinander in Verbindung.

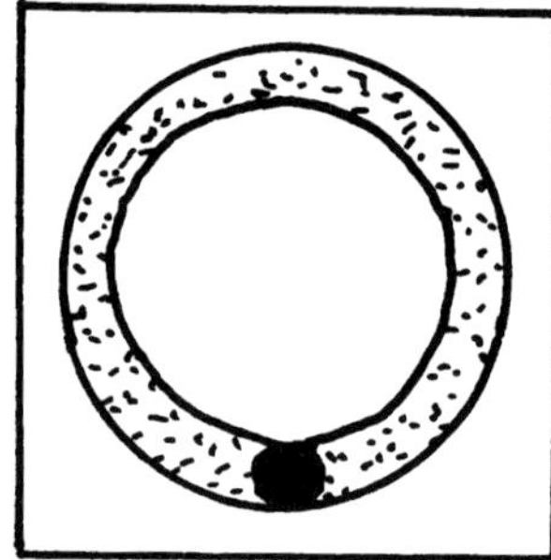

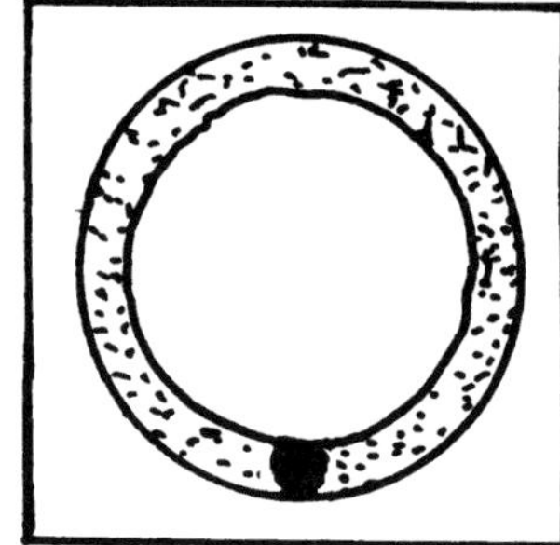

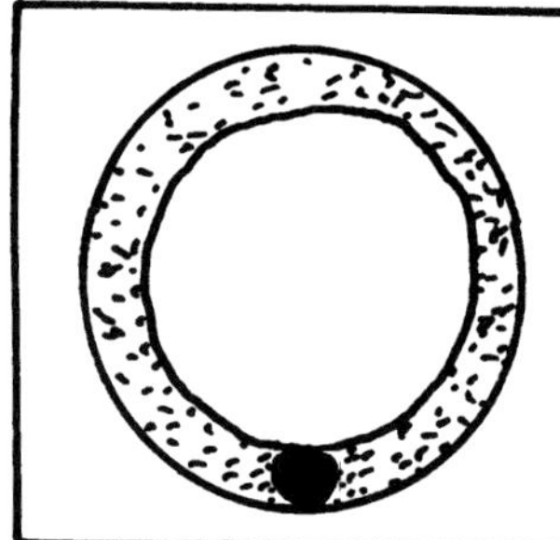

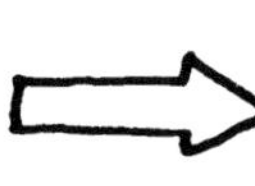

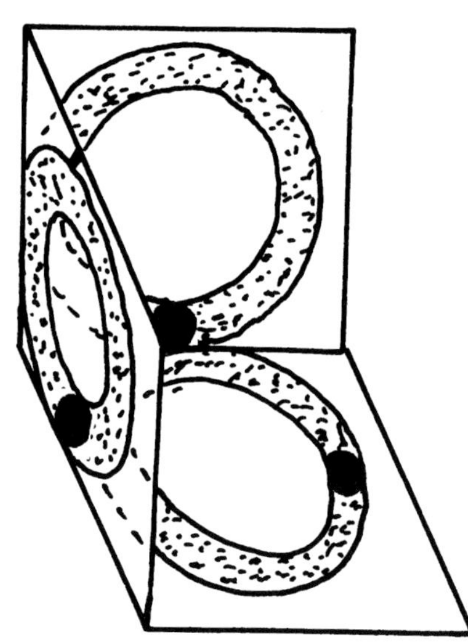

Bogengänge im Modellversuch

Altersstufe

Ab Klasse 7

Benötigtes Material

- Reagenzgläser
- Korken
- Erbsen
- Stahlnadeln
- Nagel oder Drahtstück

So geht es

Mit Reagenzgläsern kann man das Zusammenwirken der drei Bogengänge zur Wahrnehmung der drei Ebenen im Raum demonstrieren. Jede Ebene ist durch ein Reagenzglas dargestellt, das je einige trockene Erbsen enthält. Die Verschlusskorken werden mit Stahlnadeln auf einem zugeschnittenen Weinkorken befestigt. Die Parallele zur Funktion der Bogengänge ist leicht zu finden.

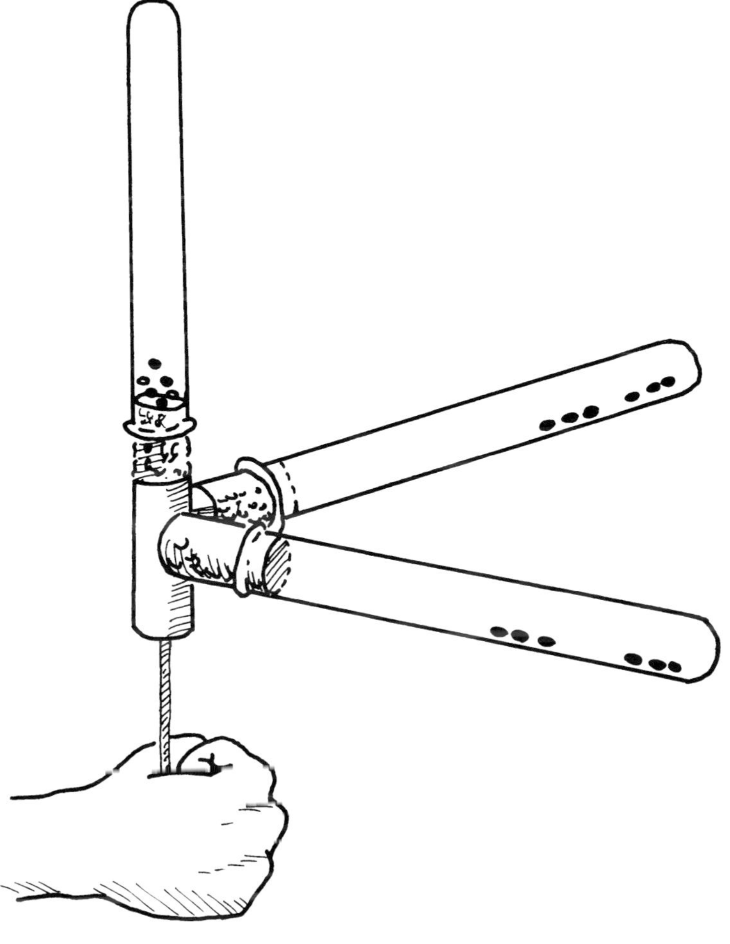

Modell zur Trägheit der Endolymphe

Altersstufe

Ab Klasse 7

Benötigtes Material

- Papier
- Bleistift

So geht es

Bei Drehbewegungen des Kopfes bleibt die Endolymphe infolge ihrer Trägheit zurück, die Haare von Sinneszellen werden verbogen.

1. Das durch die Trägheit der Endolymphe verursachte Zurückbleiben der Haare der Drehsinnesorgane zeigt man, indem man einen länglichen Papierstreifen zwischen den Fingern hält und die Hand bewegt. Bei diesem Versuch wirkt die Luft wie die Endolymphflüssigkeit.
2. Bei diesem Versuch wird ein geknickter Papierstreifen schnell über eine Unterlage bewegt.
3. Zur Demonstration des Prinzips der Trägheit stellt man einen Bleistift auf ein Blatt Papier und zieht dieses unter dem Bleistift schnell weg.

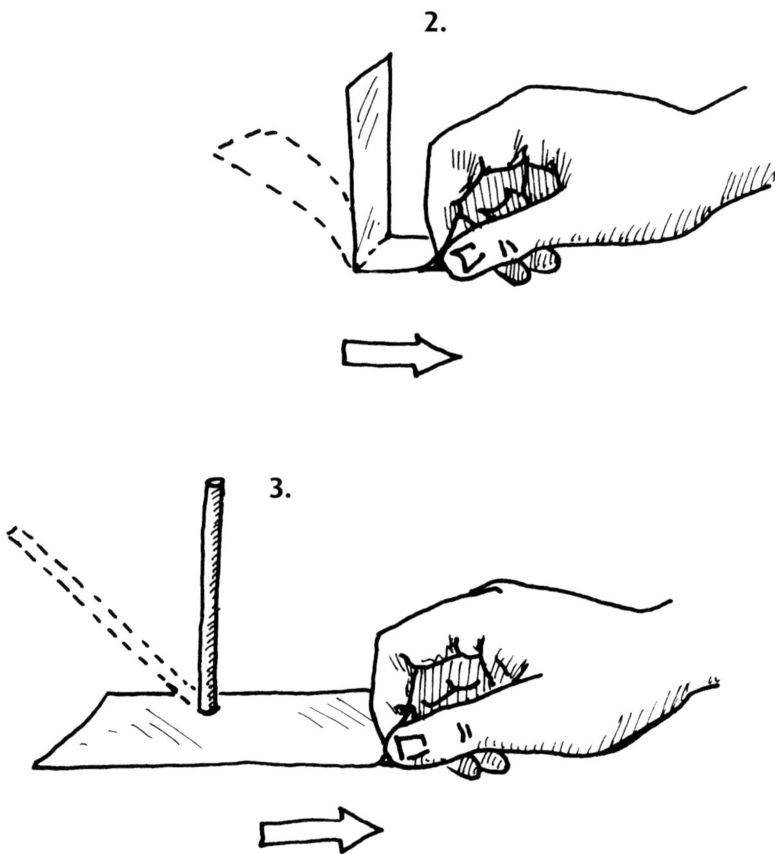

Klassischer Modellversuch zur Trägheit

Altersstufe

Ab Klasse 7

- Petrischale oder Schraubdeckel
- Plastikstreifen
- Klebeband
- Wasser

Die Trägheit der Endolymphe bei schnellen Bewegungen kann man auch mit einem anderen Modellversuch zeigen. In einer Petrischale (oder dem Deckel eines Schraubglases) befestigt man mit Klebeband locker einen Plastikstreifen. Das Gefäß wird mit Wasser gefüllt und schnell gedreht. Der Plastikstreifen bleibt infolge der Trägheit zurück.

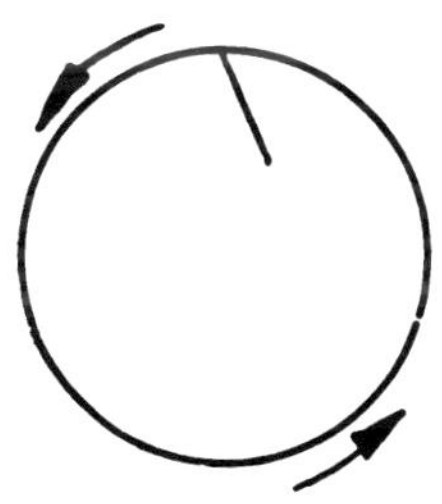

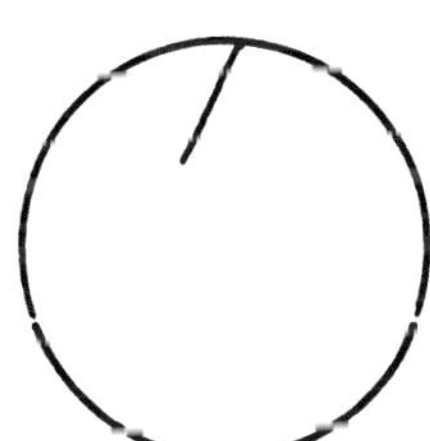

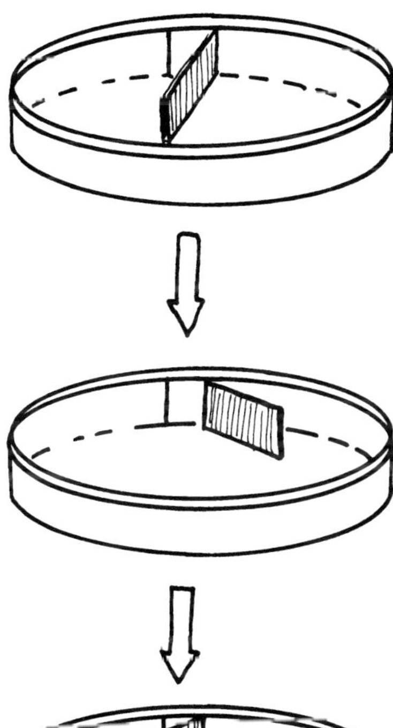

Prinzip eines Statolithenorgans

Altersstufe

Ab Klasse 7

Benötigtes Material

- Plastikdose (Petrischale)
- Stecknadeln mit Köpfen oder Nägel
- Murmel

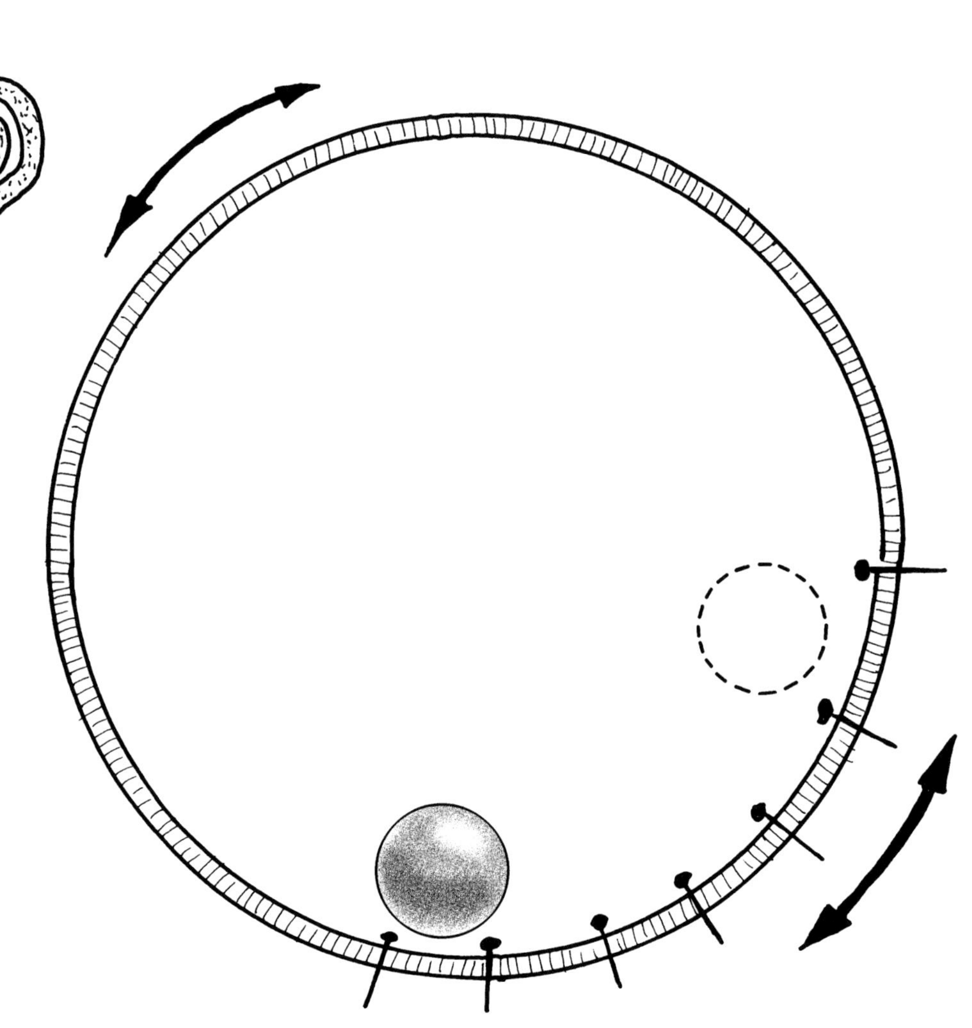

So geht es

In den Statolithenorganen beim Menschen und bei vielen Tieren reizen Schwerekörperchen bei Lageänderungen unterschiedliche Sinneszellenbereiche.

In die Wandung einer durchsichtigen Plastikdose (Petrischale) steckt man Stecknadeln mit Köpfen oder Nägel. Der Schwerekörper wird durch eine Murmel dargestellt.

Schwerekörper im Modellversuch

Altersstufe

Ab Klasse 7

Benötigtes Material

- Bürste
- Stein
- Gummiband
- Kordel
- Gewicht (z.B. Schraubenmutter)

So geht es

1. Bei diesem Modell der Schweresinnesorgane entsprechen die Bürstenhaare den Sinneshaaren und der Stein darauf den Kristallen auf der Gallerte.
2. Man kann an dem Stein ein Lot befestigen, um die Richtung der Schwerkraft bei unterschiedlicher Neigung der Bürste zu demonstrieren. Hierzu sollte der Stein bis an den Rand der Bürste reichen.

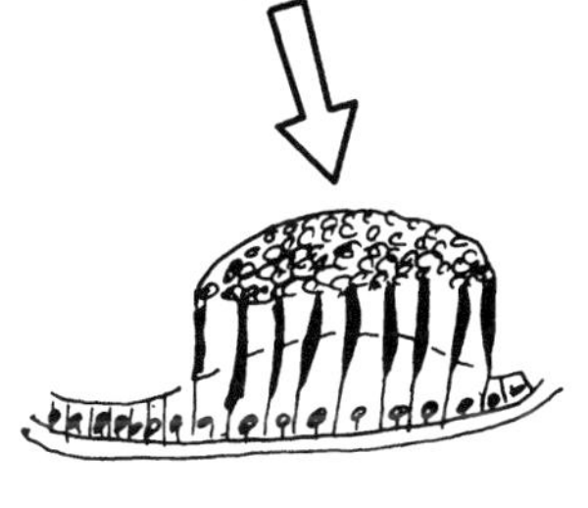

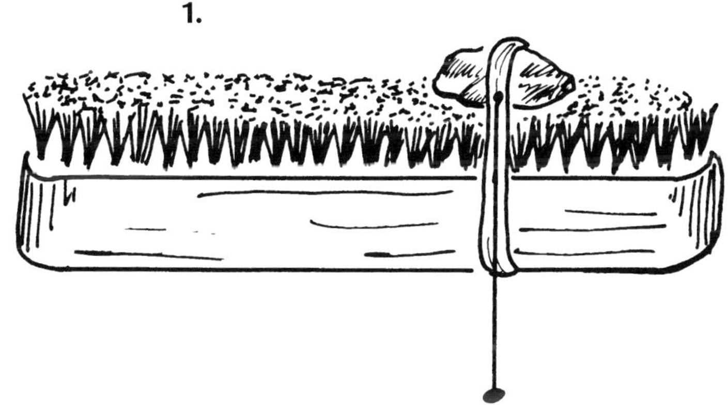

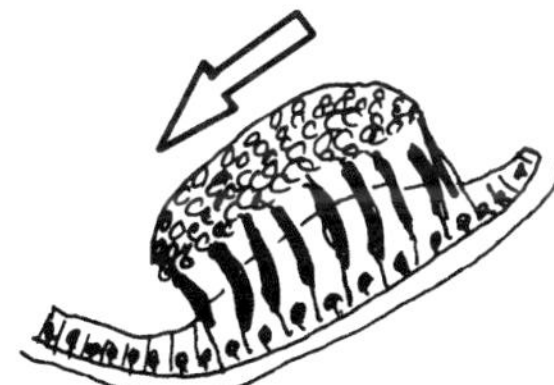

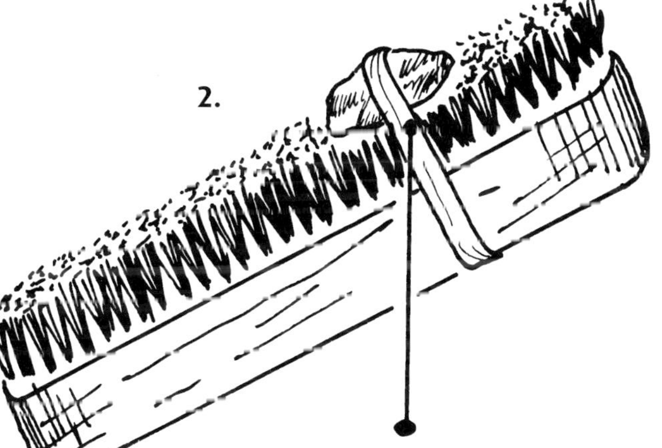

Einfaches Chromosomenmodell

Altersstufe

Ab Klasse 9

Benötigtes Material

- Papier
- Schere
- Farbstifte

So geht es

In einer späten Phase der Kernteilung liegen die Chromosomen als erbidentische Halbchromosomen (Chromatiden) vor, die bei der Kernteilung getrennt werden. Die vollständig voneinander getrennten Chromatiden werden nur noch durch ein Zentromer zusammengehalten, das sich bei der endgültigen Teilung ebenfalls verdoppelt. Zentromere sind die Ansatzstellen der Spindelfasern, die sich bei der Kernteilung ausbilden.

Aus gefaltetem Papier kann man ein einfaches Chromosomenmodell ausschneiden und anmalen. Es zeigt die Chromatiden und das Zentromer.

Weitere Chromosomenmodelle

Altersstufe

Ab Klasse 9

Benötigtes Material

- Klingel- oder Bindedraht
- Druckknopf/Pappscheibe
- Wolle
- Papier
- Schere
- Klebstoff
- Wäscheklammer

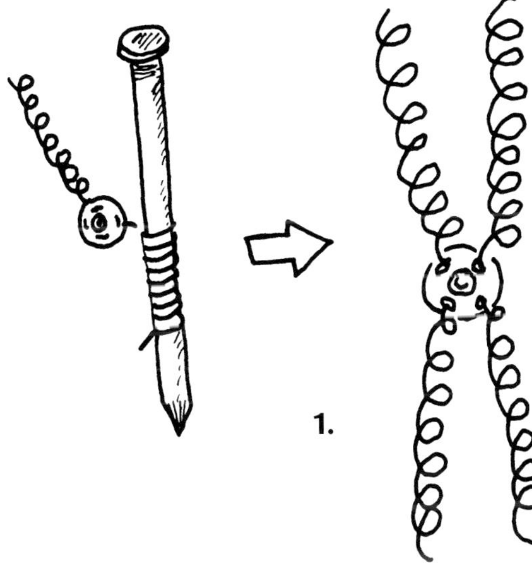

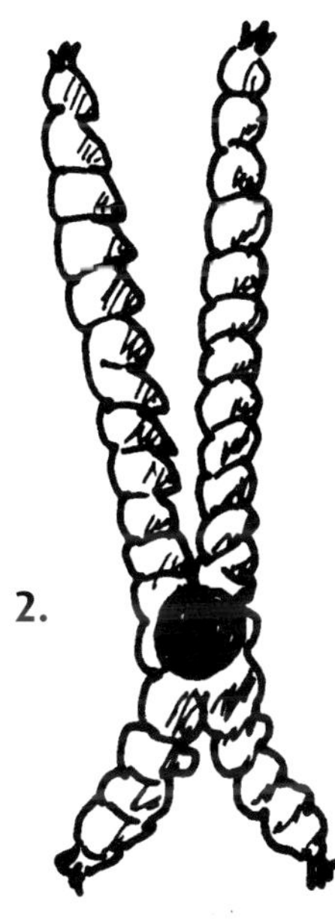

So geht es

Ein Chromosom mit den beiden Chromatiden und dem Zentromer kann man aus den verschiedensten Materialien herstellen oder mit den verschiedensten Materialien anschaulich machen.

1. Aus Klingel- oder Bindedraht und einem Druckknopf/Pappscheibe.
2. Aus grober Wolle und einer aufgeklebten Papierscheibe.
3. Mit einer Wäscheklammer.

Chromosomensätze

Altersstufe

Ab Klasse 9

Benötigtes Material

- Streichhölzer
- Draht
- Wollfäden in unterschiedlichen Farben
- Farbstifte

So geht es

Anzahl und Form der Chromosomen sind artspezifisch. In den Körperzellen sind jeweils zwei Chromosomen nach Form und Größe gleich. Diese beiden Chromosomen eines Paares nennt man homologe Chromosomen. Als Chromosomensatz werden sämtliche Chromosomen einer Zelle bzw. eines Kerns bezeichnet. Es wird zwischen normalen Chromosomen (Autosomen) und Geschlechtschromosomen (Heterosomen) unterschieden.

Zur einfachen Darstellung der homologen Chromosomen ohne Darstellung der Teilung in Chromatiden genügen Streichhölzer unterschiedlicher Form und Markierung ohne Köpfe oder unterschiedlich gebogene Drahtabschnitte (z.B. Klingeldraht) oder Wollfäden unterschiedlicher Farbe.

Meiose

Altersstufe

Ab Klasse 9

Benötigtes Material

- Streichhölzer
- Wollfäden in unterschiedlichen Farben
- Schere
- Bastelmesser

So geht es

Die Trennung der homologen Chromosomen bei der Meiose (Reduktion des Chromosomenbestandes um die Hälfte) kann man mit Streichhölzern oder Wollfäden zeigen. Homologe Chromosomen werden durch gleiche Formen und Markierungen oder durch gleichfarbige Wollfäden dargestellt.

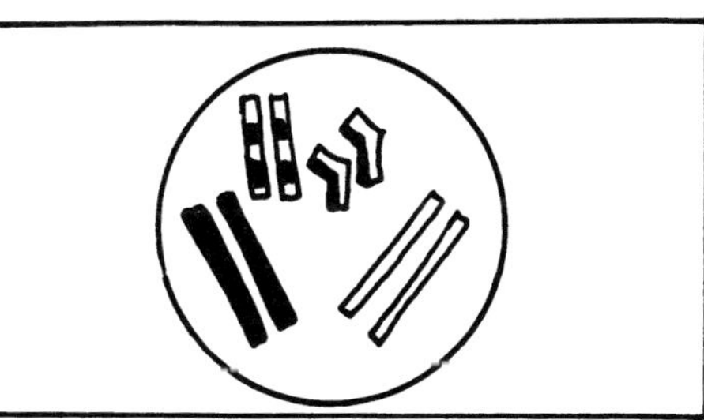

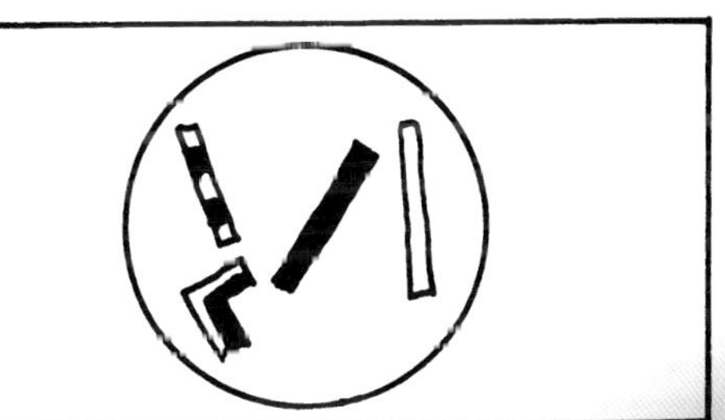

Sehr einfaches DNA-Modell

Altersstufe

Ab Klasse 9

Benötigtes Material

- Leiter

So geht es

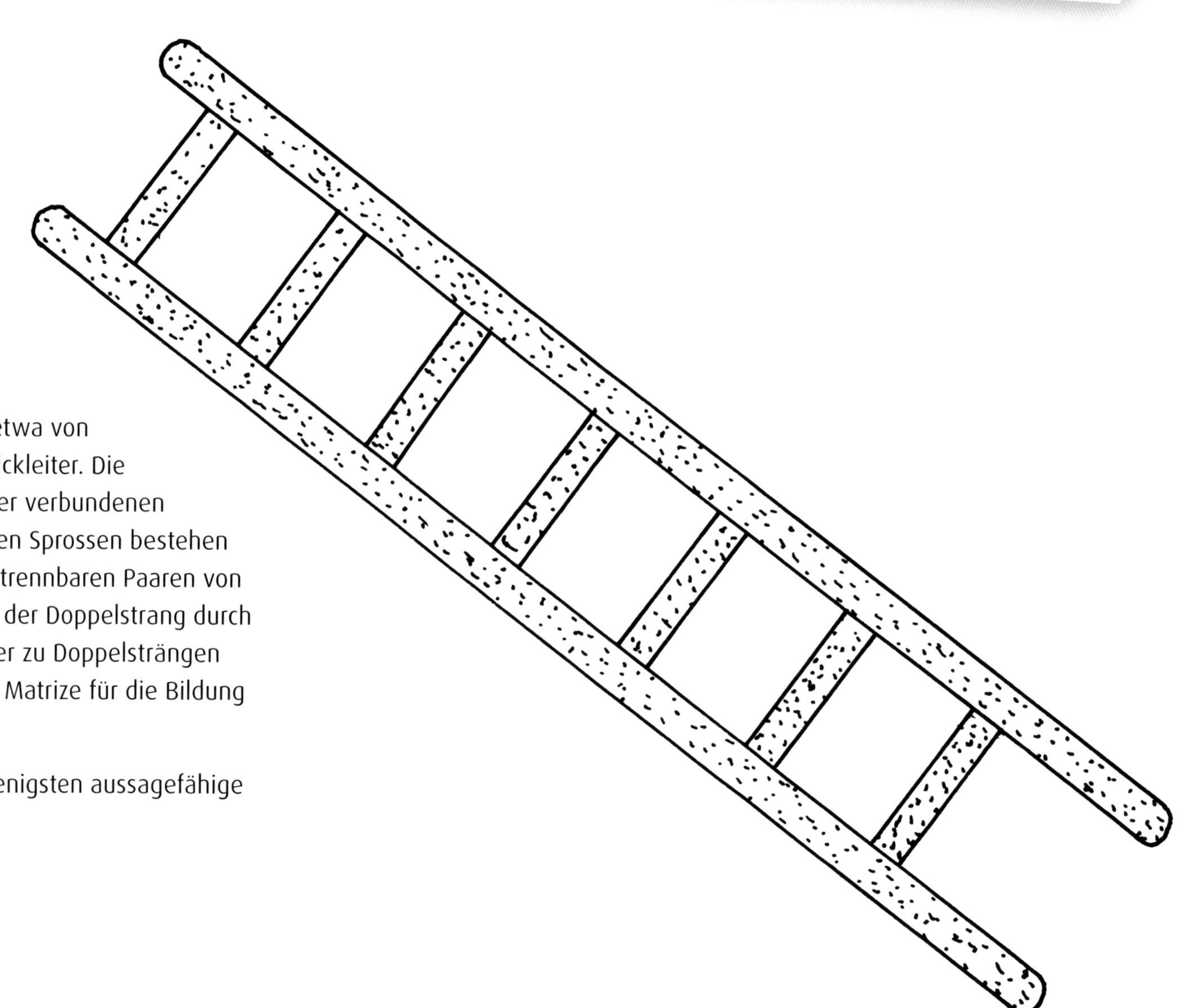

Nukleinsäuren sind fadenförmige Großmoleküle, etwa von der Struktur einer schraubenförmig verdrehten Strickleiter. Die Holme des Großmoleküls bestehen aus miteinander verbundenen Zucker- und Phosphorsäuremolekülen. Die einzelnen Sprossen bestehen im Gegensatz zu den Holmen der Leiter aus leicht trennbaren Paaren von vier verschiedenen Basen. Bei der Zellteilung wird der Doppelstrang durch Enzyme in zwei Einzelstränge gespalten, die wieder zu Doppelsträngen ergänzt werden. Dabei dient jeder Einzelstrang als Matrize für die Bildung des fehlenden Stranges.

Eine Leiter ist das einfachste, aber auch das am wenigsten aussagefähige Modell.

Einfache DNA-Modelle

Altersstufe

Ab Klasse 9

Benötigtes Material

- Streichholzschachteln
- Kordel
- Plastikband
- Reißbrettstifte
- Holzleisten
- Farbstifte
- Klebstoff

So geht es

Die folgenden Modelle sollen zur Entwicklung von weiteren anregen. Anhand dieser Modelle kann man auch die Grenzen der Aussagefähigkeit eines Modells aufzeigen.

1. Das Modell aus übereinander geklebten und gegeneinander versetzten Streichholzschachteln stellt lediglich die schraubenförmige Drehung des Nukleinsäuremoleküls dar.
2. Das Strickleitermodell stellt den Grundbauplan des Nukleinsäuremoleküls dar und ist drehbar.
3. Ein anderes drehbares Modell besteht aus kräftigem ca. 1 cm breitem Plastikband (wie man es zur Sicherung von Transportkisten verwendet) und bemalten Holzleisten, die mit Reißbrettstiften an dem Plastikband befestigt sind.

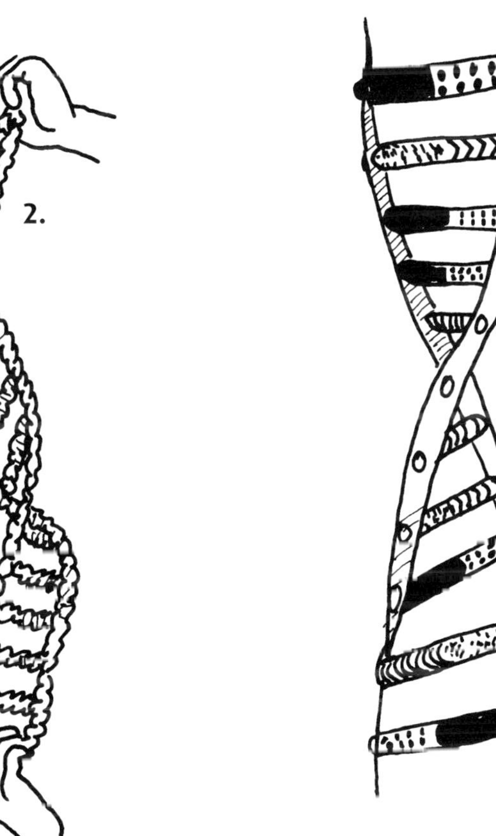

Das Reißverschlussmodell

Altersstufe

Ab Klasse 9

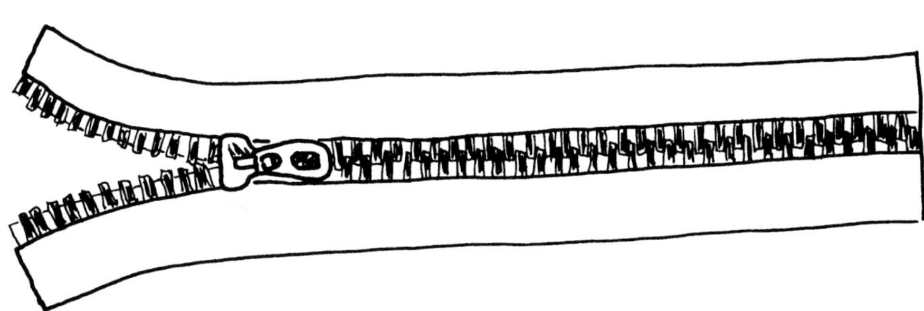

Benötigtes Material

- Reißverschluss

So geht es

Das Reißverschlussmodell erlaubt im Gegensatz zum Strickleitermodell auch die Darstellung der Spaltung des Doppelstranges sowie der Matrizenfunktion des Einzelstranges.

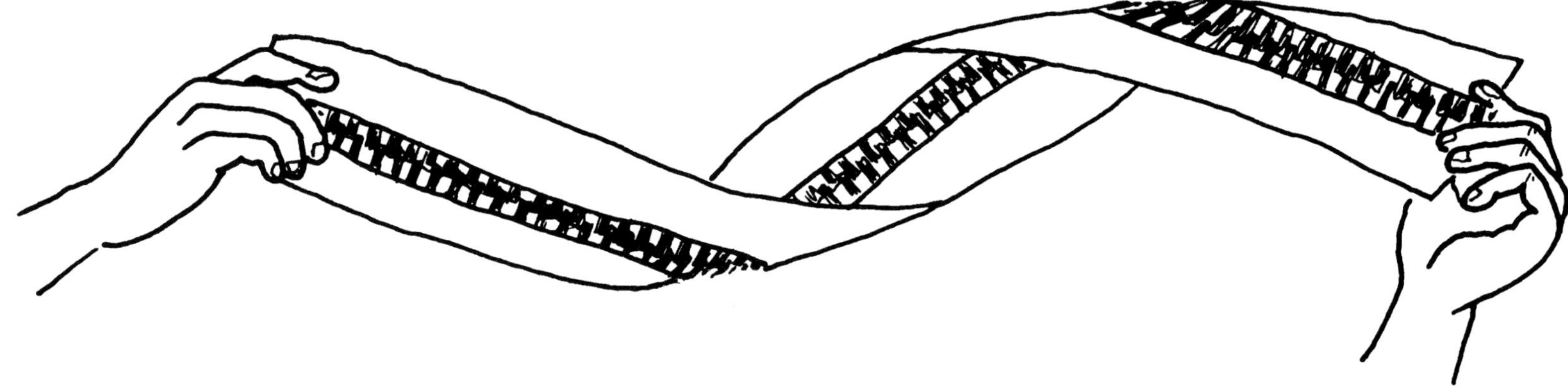

Komplexere DNA-Modelle

Altersstufe

Ab Klasse 9

Benötigtes Material

- Papier
- Pappe
- Wollfäden
- Schere
- Farbstifte

So geht es

Mit diesem Modell aus einzelnen Papier- oder Pappstreifen kann man die einander zugeordneten Basen und die Aufeinanderfolge der Basenpaare üben. Zucker- und Phosphorsäuremoleküle sind durch einen Wollfaden oder einen Papierstreifen dargestellt.

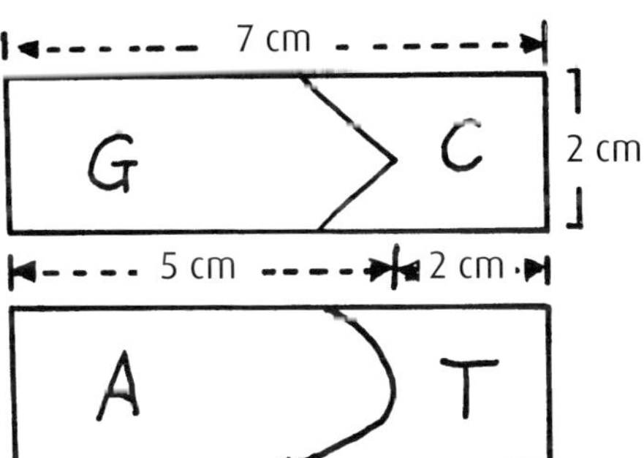

Prinzip des Crossing-Over

Altersstufe

Ab Klasse 9

Benötigtes Material

- Wollfäden in unterschiedlichen
- Farben
- Schere
- Klebstoff

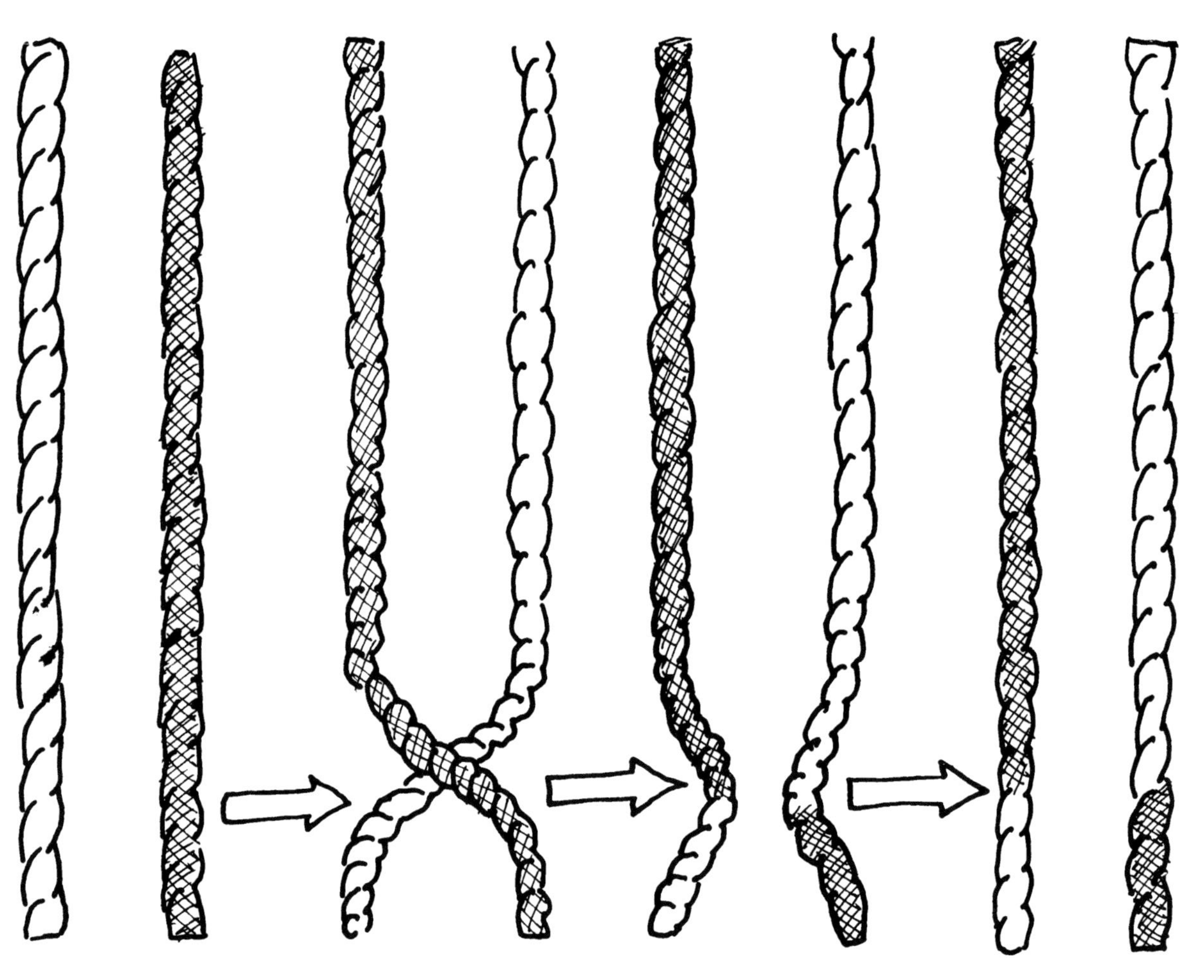

So geht es

Crossing-Over bedeutet überkreuzen. An Überkreuzungsstellen von Chromatiden können Brüche auftreten und es kann ein Austausch von Bruchstücken stattfinden.

Das Prinzip des Crossing-Over und des Bruchstückeaustausches kann man mit Wollfäden in unterschiedlichen Farben darstellen.

Crossing-Over

Altersstufe

Ab Klasse 9

Benötigtes Material

- Wollfäden in unterschiedlichen Farben
- Schere
- Klebstoff

So geht es

Bei der Bildung der Keimzellen liegen die homologen Chromosomen vor der Trennung nebeneinander. Dabei kann es zu Überkreuzungen und zu Brüchen der Chromatiden homologer Chromosomen kommen. Dies kann zwischen den Chromatiden zum Austausch von Bruchstücken und damit zum Austausch von Erbinformationen führen.

Zwei verschiedenfarbige, doppelsträngige Wollfäden werden aufgedreht und nebeneinander angeordnet. Zum Austausch werden die nebeneinander liegenden Fäden gekreuzt, an der Kreuzungsstelle durchgeschnitten und neu zusammengeklebt.

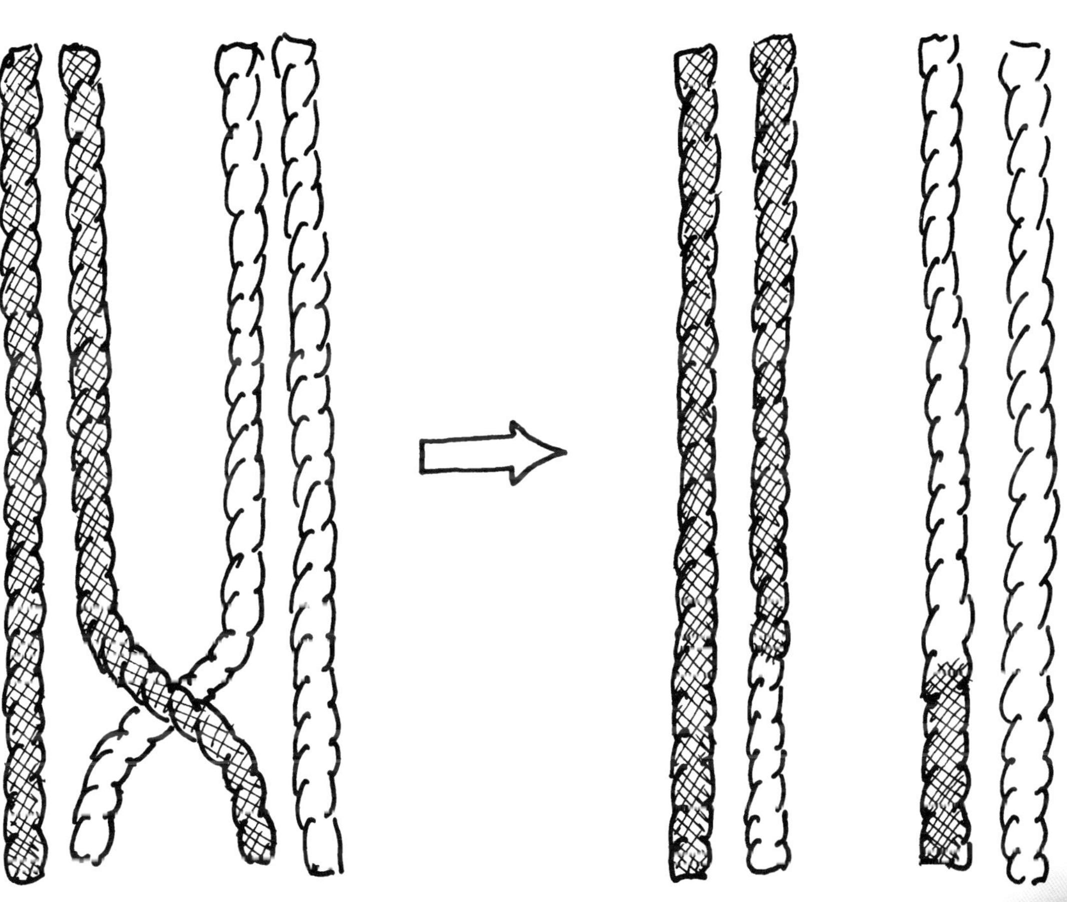

Spaltungsregel

Altersstufe

Ab Klasse 9

Benötigtes Material

- Kronenkorken
- wasserfeste Filzstifte oder Kugelschreiber

So geht es

Nach dem Mendel'schen Gleichförmigkeitsgesetz sind die Mischlinge aus zwei reinen Rassen unter sich gleich. In der zweiten Tochtergeneration spalten sich diese Eltern wieder auf.

1. Zu gleichen Teilen werden Kronenkorken in zwei verschiedenen Farben eingefärbt und auf zwei Häufchen gelegt. Daraus bildet man die mischerbigen Paare der 1. Tochtergeneration. Man kann auch Kronenkorken verschiedener Getränke nehmen.

2. Aus gemischten Häufchen bildet man die Paare der 2. Tochtergeneration und zählt das Spaltungsverhältnis aus. Um ein aussagefähiges Ergebnis zu bekommen, ist eine große Zahl von Paaren erforderlich.

Galtons Zufallsapparat

Altersstufe

Ab Klasse 9

Benötigtes Material

- Holz oder Pappe
- Holzleisten
- Korken
- Glas- oder Plastikscheibe
- Gummiringe
- Klebstoff
- Schere/Bastelmesser
- Trichter
- Erbsen oder andere runde Samen

So geht es

Die Galton'sche Regel besagt, dass bestimmte erbliche Eigenschaften stets um einen Mittelwert schwanken. Daraus ergibt sich eine Kurve, die beiderseits vom Mittelwert symmetrisch geschwungen abfällt.

Der Galton'sche Zufallsapparat besteht aus einem äußeren Rahmen aus Holz oder Pappe (a), den Teilern aus Holzleisten oder Pappstreifen (b), Weinkorken (c) sowie einer Sperrholz- oder Pappunterlage (d), auf der die zuerst genannten Teile befestigt werden. Die Vorderseite besteht aus einer Glasscheibe oder transparentem, kräftigem Plastik (e), die jeweils von Gummiringen (f) gehalten werden. In den Apparat werden Erbsen eingefüllt.

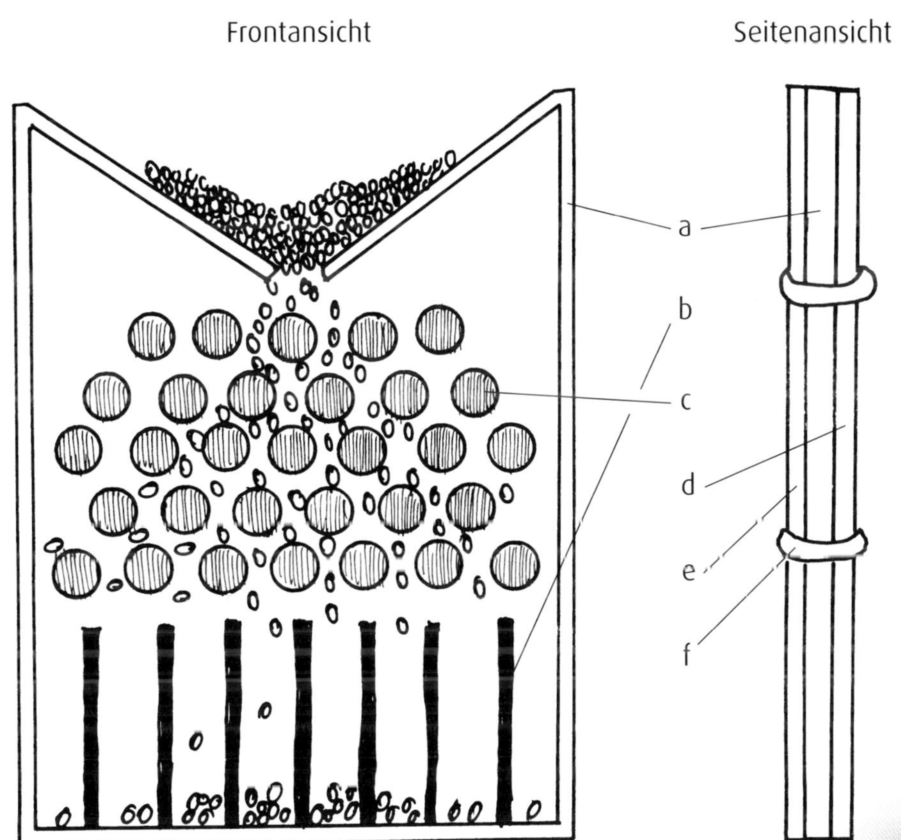

Samen- und Eizelle

Altersstufe

Ab Klasse 7

Benötigtes Material

- Fußball
- Erbse
- Glühbirne oder Plastikflasche
- Kordel

So geht es

Der Durchmesser der reifen menschlichen Eizelle beträgt 0,2 mm, die Kopfbreite der Samenzelle 0,002 mm, die Kopflänge 0,004 mm und die Gesamtlänge 0,06 mm.

1. Fußball und Erbse geben die ungefähren unterschiedlichen Größen von Eizelle und Kopf der Samenzelle wieder.
2. Aus Abfallmaterialien (Glühbirne oder Plastikflasche, Kordel) kann man ein Modell der Samenzelle herstellen lassen.

1.

2.

Modell der Befruchtung

Altersstufe

Ab Klasse 7

Benötigtes Material

- Kronenkorken o.A.
- Wollfäden
- Teller

So geht es

Bei der Befruchtung kommt es zur Vereinigung der Zellkerne von Ei- und Samenzelle. Der Schwanz der Samenzelle dringt nicht in die Eizelle ein.

Man kann ein Modell zum Thema herstellen: Inmitten eines großen Tellers befinden sich in einem Kronenkorken Wollfäden (Chromosomen). Die Samenzelle besteht aus einem Kronenkorken mit Wollfäden darin und einem angeklebten Schwanzfaden, das Plasma ist nicht dargestellt. Damit kann man vereinfacht zeigen, was beim Eindringen der Samenzelle und bei der Verschmelzung der Kerne geschieht. Zur Verschmelzung legt man die Kronenkorken mitsamt Wollfäden aufeinander.

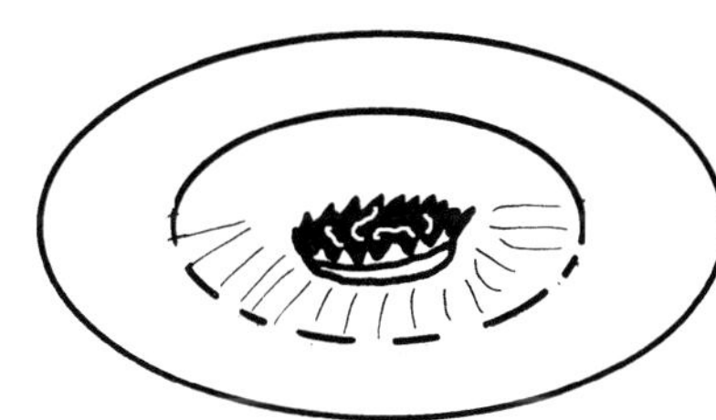

Funktion des Fruchtwassers

Altersstufe

- Ab Klasse 5

Benötigtes Material

- Puppe
- Plastikbeutel
- Wasser

So geht es

Der heranwachsende Embryo schwimmt im Fruchtwasser der Fruchtblase (Amnionhöhle). Der Embryo ist darin frei beweglich, druck-, stoß- und erschütterungssicher an der Nabelschnur aufgehängt.

Die dämpfende Wirkung des Fruchtwassers kann man mit einem Modell zeigen, das bei Bedarf noch um Nabelschnur, Harnsack usw. ergänzt werden kann.

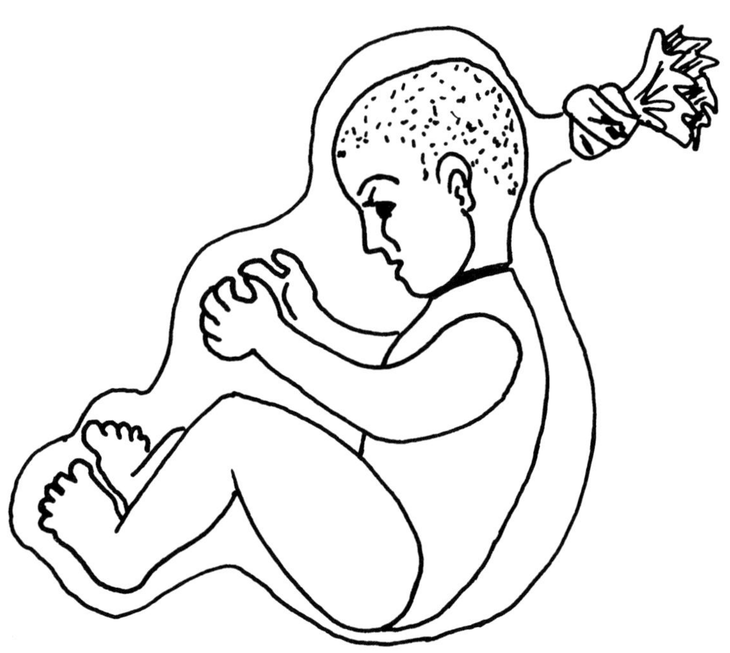

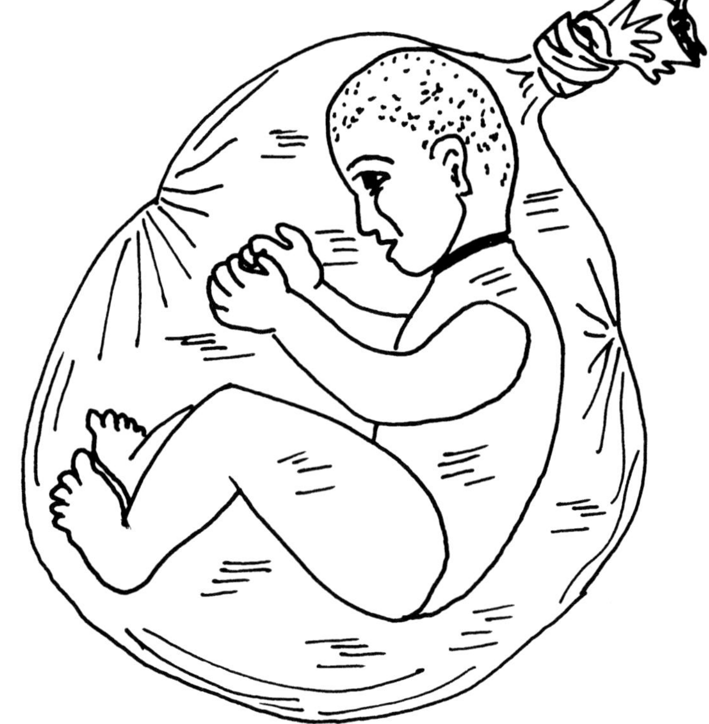

Alphabetisches Register